KB102670

공부 잘하고 말 잘하고 협상 잘하는 아이로 키우기

공부 잘하고
말 잘하고
협상 잘하는
아이로 키우기

카멜 야마모토 지음 | 김활란 옮김

부자나라

차례

프롤로그 - 왜 새로운 교육론이 필요한가?

새 시대의 흐름이 다가왔다!

어느 날 문득, 나는 이런 착각에 빠졌다. '나는 타임머신을 타고 매일 '미래와 과거'를 오가고 있는 것은 아닐까?'

여기서 '미래'란 경영컨설턴트로서의 내가 매일 목격하고 있는 '일의 세계'에 나타나기 시작한 미래상이다. 그리고 '과거'란 두 아이의 아버지로서 나의 변하지 않는 '자식의 교육'에 대한 보수적인 태도다.

결국, 나는 '일을 통한 미래'에 대비해서 '아이들을 정지시키고 있는 과거'를 바꾸어나가야 한다고 생각하기 시작했다. 여기서 나는 이 책의 도입부를 겸해 이러한 내용을 집필한 사정에 대해 좀더 자세히 이야기하고자 한다.

경영컨설턴트인 나는, 특히 기업의 인재들이 그 능력을 최대한 발휘시키도록 하는 일에 중점을 두고 있다.

글로벌 경쟁 시대를 살아가는 기업의 인재들은 최근 몇 년간 상당히 커다란 변화를 겪었다. 드디어 일류기업의 샐러리맨 중에도 '무능력자(구조조정의 대상이 되는 사람)', '단순 노동자(싼 월급에도 참고 일하는 사람)'가 나타나기 시작한 것이다.

이제 샐러리맨으로서 회사에 충성을 다하고 성실히 일하면 그 기업이나 그 사람의 사회적 지위에 따라 행복과 성공을 얻을 수 있었던 시대는 허무하게 끝나버렸다. 일류기업에서 나름대로 사회적 지위를 갖고 있다고 해도, 결코 성공이나 행복을 보장받을 수 없게 된 것이다.

많은 월급을 받으며 모든 사람들의 부러움을 한 몸에 받던 은행원도 예외는 아니다. 그 뿐만 아니라 국제적으로 통용되는 명문의 '일류대학'은 사라졌고, '일류기업'도 거의 붕괴되어 버렸다. 80년대 후반부터 90년대 초반에 걸쳐 우리 기업이 가장 강하다고 일컬어졌던 시대의 유산은 흔적도 없이 사라지고 말았다.

그러나 한편으로는 연예계와 프로 스포츠계의 '재능인'처럼 자신의 능력을 십분 발휘하며 자신의 사업을 시작하는 비즈니스맨들이 등장하기 시작했다. 그들은 기업에 의지하지 않고 개인적으로 돈을 버는 사람들이다. 유감스럽게도 아직 소수에 불과하지만, 중요한 것은 이 '재능인'들이 일을 즐기면서 돈을 번다는 사실이다. 그들은 예전 같으면 30년 정도 지나야 겨우 얻을 수 있었던 능력을, 입사한 지 불과 몇 년 만에 확보한다. 따라서 우리는, 젊은 나이에 대표이사와 같은 능력을 자랑하는 그들을 일컬어 '대표이사계장'이라고 부른다.

이러한 변화의 결과, '재력가'와 '무능력자', '단순 노동자'의 차이가 더욱 두드러졌다. 그것을 뼈저리게 느끼고 있는 나는, 부모로서 아주 자연스럽게 '내 아이도 가능하면 무능력자나 단순 노동자가 아니라 재능 있는 자가 되었으면 좋겠다'라고 바라게 되었다.

그런데 집으로 돌아와 내 아이들이 받고 있는 교육에 눈을 돌려보면, 그 교육 방침이 기업사회의 변화와는 전혀 관련이 없는 세계에 있다는 사실을 알게 된다. 그것은 국제적인 변화와 완전히 동떨어진, 현대판 '쇄국의 세계'에 있다.

요즘의 교육 현실에서 그 본질적인 부분을 살펴보면, 내가 어렸을 때의 그것과 별반 다를 것이 없다. 내 아이와 그 친구들은 여전히 일류대학과 일류기업을 목표로 수험과 전쟁을 벌이고 있다. 그러나 이러한 교육으로 성공을 거둬 운 좋게 일류대학에 입학하고 일류기업에 입사했다고 해도, 그것은 행복한 성공의 길이 아니라는 사실을 전 세계의 모든 부모들은 이미 알고 있다. 그럼에도 현대의 교육은 아무런 변화를 시도하지 않고서 그저 다람쥐 쳇바퀴 돌 듯 과거를 되풀이하고 있다.

교육개혁은 말만으로는 이루어지지 않는다

교육에 무언가 문제가 있다는 것은 공공연한 사실이다. 그리고 '교육개혁'을 부르짖는 목소리는 이전부터 있어 왔다. 그러나 달라진 것은 아무것도 없다. 따라서 부모의 처지에서 생각할 때 언제 이루어질지 모르는 교육개혁을 마냥 기다리며 그저 내 아이의 장래에 대해 안심하고 있을 수만은 없는 노릇이다.

원래 교육개혁이란 장기적으로 이루어지는 것이다. 그러나 그렇다고 해서 시대가 변했음에도 여전히 '융통성'과 '개성'이라는 옛 주장을 되풀이하고 있다는 사실은 우리를 경악스럽게 만든다. 게다가 실제로 교육자원부장관이 '융통성 있는 교육 방침을 바꾸지 않겠다'고 분명히 말한 것도 놀랍기 그지없다.

생각해 보라. 융통성 있는 교육이라는 발상은 우리가 세계의 넘버원으로 불리던 80년대 후반의 이야기다. 항상 승리하며 여유로웠던 과거에 태어난 슬로건인 것이다. 그러나 지금은 계속 몰락하고 있다. 그러니 이전과 똑같은 처방전을 외치는 사람을 어떻게 신뢰할 수 있겠는가?

정보혁명이 진행되고 있는 가운데 정치가와 기존 엘리트들은 식물인간이 되어가고 있다. '일의 세계'가 국제경쟁 속에서 이만큼 크게 변화하고 있는데도, 교육은 거의 무풍지대에 안주하고 있을 뿐이다. 그 원인이야 많겠지만, 대표적으로는 교육관계자 중에서 국제적인 경쟁을 경험해 보지 못한 사람이 대부분이란 사실도 한몫을 차지한다. 그들에게서는 위기감이라고는 눈을 씻고 봐도 찾아볼 수가 없다. 이러한 현실 속에서 나뿐만 아니라 대부분의 부모들도 이 나라의 사회와 정치에 대해 본능적으로 불신하고 있다.

그러나 이런 주장을 펼치는 내 자신도 사실은 그렇게 잘난 척할 처지는 아니다. 지금까지 나는 전형적인 평론가로서 현재의 교육 방식에 대해 비판만 할 뿐, 자식의 교육문제에 대해서만큼은 수동적인 자세를 취해왔다.

아내가 다른 엄마들과 마찬가지로 수험전략을 세우고 그 계획을 실행하기 위해 협력을 요청해오면, 솔직히 귀찮다는 생각을 하면서도 협력하지 않으면 일이 더욱 복잡해지기 때문에 그냥 따라주었던 것이 사실이다. 그리고 협력이라고 해봐야 딸이 유치원 수험을 치를 때에 좋은 인상을 주기 위해 수염을 깎고 부모 면접에 임한 정도다.

내가 이렇게 수동적인 자세를 취했던 이유는, 무의식중에 기업 사회의 변화는 자식교육의 세계와는 관련이 없다고 생각했기 때문이다.

그때 문득 '이대로는 안 되겠다'라는 생각이 들었다. 특별히 계기가 되는 사건은 없었지만, 굳이 말하자면 샐러리맨들의 실적이나 장래성을 평가하는 일이 내게 많은 영향을 주었을지도 모른다.

나는 사업상 샐러리맨들을 평가할 때마다 이런 생각을 했다. '이 사람이 입사할 당시부터 스스로 생각하고 일하는 사람이 되겠다고 결심했더라면, 우수한 자율형 인간이 되었을 것이다. 그러나 그런 생각조차 하지 못한 결과, 그에게서는 장점이나 개성을 찾아볼 수가 없다.

주위를 둘러보면, 개성은 부재된 채 천편일률적인 샐러리맨들뿐이다. 이것은 무조건 상사가 시키는 대로 따르는 것을 중요하게 생각한 과거의 실족에서 비롯되었다. 처음부터 자율적으로 움직이지 않아 굳어진 습성을 지금에서야 바꾸기란 상당히 힘든 일이다. 요컨대, 어렸을 때부터 스스로 생각하고 행동하는 습관을 들여야만 한다.'

나는 이런 생각을 거듭하면서 하나의 경계점에 도달했다. 무미건조한 샐러리맨들을 지켜보면서 마침내, 내 아이들의 장래를 본 것이다.

'우리의 아이들을 현재의 교육 세계에 방치해 둔다면, 결국 저런 모습으로 성장하고 말 것이다! 뭔가 하지 않으면 큰일 날 거야, 뭔가를 해야만 해!'

나는 구체적인 아이디어를 내고 스스로 할 수 있는 일부터 실행하기로 결심했다. 그 핵심부분을 지금부터 이 책에서 이야기하고자 한다. 대략적인 내용은 다음과 같다.

우선 아이들이 장래에 '일을 하면서 행복한 성공'을 얻게 해주고 싶다는 부모의 마음에서 출발했다. 그렇다면 먼저, 현재 소수에 불과하지만 남다른 두각을 보이고 있는 '재능인'이 되어야 한다. '내가 일을 통해 얻은 재능 계발에 관한 지식과 경험을 아이에게 적용해 보면 어떨까? 기업 샐러리맨들의 재능 계발을 위해 쓴 책을 바탕으로 내 아이에게 적합한 비결에 관한 책을 써보는 것은 어떨까?' 이것이 내가 이 책을 집필하게 된 이유다.

책을 쓰기 시작하면서 아이들과 이야기해보며 느낀 것은, 아이들이 내가 말하는 '재력가를 위한 능력 계발'의 필요성을 아주 자연스럽게 받아들인다는 점이다. 아이들은 내가 사용하는 말이 좀 어렵게 들리면 "그게 무슨 뜻이에요? 좀더 알기 쉽게 이야기해주세요" 하고, 마치 컨설팅에서의 고객처럼 말했다.

또한 아이들은 묻지도 않았는데 "그렇다면 저는 이런 경험을 했어요", "제 생각도 같아요" 하고 호기심을 갖고 달려들었다. 그것뿐만이 아니었다. "아마 지금의 회사에서라면 사장과 부하직원의 사이에서 이렇게 되고 말겠죠? 반면에 아빠가 말하는 재력가는 이렇게 되는 거고요. 그렇죠?" 하고 기업의 모습을 상상하고 내 책의 내용을 연관지어 말했다.

물론 그들이 생각하는 기업의 이미지는 틀에 박힌 것으로서, 일반 어른들의 고정관념과 큰 차이는 없다. 솔직히 말해 내 아이들이 특별하게 뛰어난 것은 아니다. 실제로 그들 자신도 "이런 이야기라면 친구들도 관심을 갖고 있을 거예요" 하고 이구동성으로 이야기한다.

나는 혹시나 해서 "학교나 학원에서 이런 이야기 못 들어 봤니?" 하고 물어보았다. 물론 대답은 "노(NO)"였다. 왜냐하면 학교 교사나 학원 강사는 '교육 전문가'이기는 하지만, '아이들의 미래'에 관해 리얼하게 설명할 수 있는 정보는 없기 때문이다.

나의 장점은 아이들이 장래에 일할 환경에 관한 정보를 교육전문가보다 많이 갖고 있다는 사실이다. 아이들이 미래의 자신의 모습을 상상해보고, 자신의 꿈을 이루기 위한 조건을 지금부터 배워나가는 것이 바람직하다고 생각한다.

물론 내가 그리는 장래도 앞으로 계속 수정해야만 한다. 어쨌든 나는 교육 분야에 종사하는 분들보다 아이들의 장래 직업에 관한 이미지를 파악하기 쉬운 위치에 있다. 특히, 나는 2000년 3월부터 2002년 4월까지 2년 동안, 가족들과 함께 미국 실리콘밸리라는 하이테크 첨단지역에서 생활하며, 아이들이 장래에 서로 돕고 경쟁할 재력가들과 친구가 될 기회를 만들어주었다.

나의 깨달음은 여기서 그치지 않았다. 나는 단순히 일을 통한 행복이나 성공에 안주하지 말아야 한다는 지침과 함께 '사회로의 공헌'이나 '국제사회로의 공헌'처럼 높은 이상을 제시하는 교육론 또한 필요하다는 사실을 깨달았다.

그러나 경제의 몰락 경향이나 소자고령화(출산율은 낮고 평균수명의 연장으로 고령자는 증가하는 현상)의 중대함을 인식한다면 역시 '현실적인 전망', 일에 초점을 맞춘 전망이 우선되어야 한다고 판단했다.

마지막으로 간단하게 내 소개를 하고자 한다. 현재 와트슨 와이엇이라는 컨설팅 회사에서 경영컨설턴트를 하고 있다. 고객의 기업은 지금 재력가의 시대로 접어들려고 하고 있어서 내 업무도 점차 '기업'에서 '개인의 재력가 개발' 쪽으로 급격히 증가하고 있다. 재력가들을 발굴하고 그들에게 기회를 부여하여 그들의 능력을 최대한 발휘시키는 것이 내 일이다. 이 일에는 여러 가지 사고방식과 방법이 창출되어 왔는데 그 중 몇 가지는 아이 교육에 큰 효과를 가져 올 거라고 믿는다.

그 방법은 지금까지 교육현장에서 사용된 적이 없지만 아이들을 좋은 방향으로 이끌어 갈 능력을 가졌다. 구체적인 사항은 본문을 읽으면 알 수가 있는데 전혀 어려운 것이 아니다.

내가 생각하는 이 책의 독자층은 자식을 둔 부모다. 우선 어머니가 이 책을 읽고 아이가 장래에 일을 할 세계가 어떠한지를 이해했으면 한다. 니치노켄(유명한 국립, 사립중학교 입시대비 학원)이나, 사픽스(SAPIX 유명한 국립, 사립중학교와 고등학교 입시대비학원) 등을 선호하는 주부의 감각에서 탈피해서 당신 아이의 장래의 세계에 관해 좀더 깊이 생각해주었으면 하는 바람이다.

또한 결정적으로 아버지의 역할도 중요하다. 왜냐하면 아이를 키운다는 것은 '장기적(3년 이상)인 개인 교육사업 투자이며, 그러려면 아버지의 감각과 경험이 반드시 필요하기 때문이다. 사실은 남편이 자식교육에 관심을 갖게 하려면 어머니의 현명한 유도가 필요하다. 남편에게 무조건적이고 일방적으로 협력 요청을 할 것이 아니라 이 책을 남편이 볼만한 곳에 살짝 놓아두는 것은 어떨까?

그리고 자신의 아이가 예술가나 프로 스포츠 선수가 될 소질을 갖고 있다고 생각하시는 분은 이 책의 내용이 도움이 되는 부분도 있겠지만, 이 책이 원하는 독자층과는 좀 거리가 멀다는 사실을 미리 밝혀둔다.

제1장

「단순 노동자」「무능력자」가
대량 발생하기 시작했다

왜 사람들은 국제경쟁력을 잃고 말았는가?

1. 붕괴하는 사회

■ 이것이 고뇌하는 국가의 정체다

고도성장기에 고급스럽고 섬세한 부분균형을 무기로 세계를 제패한 나라가 지금 위기에 처해 있다. 우선 글로벌 자본주의와 기술혁명 속에서 고전을 면치 못하고 있는 나라의 모습을 비유적으로 설명해보자.

수십 년 전, 스테이크 공화국은 주먹밥 공화국의 '개선'에 눌려서 고전하고 있었다. 그래서 '시장' = '경쟁'이라는 원리로 돌아가서 새로운 전략을 세웠다. 즉 복수리그를 만들어 강한 팀만이 일부 리그에서 글로벌에 도전할 수 있게 만든 것이다. 더구나 이 리그전에서는 선수가 계속 이동한다. 같은 팀 안에서도 복수 평가 기준으로 엄정한 평가가 이루어지고, 공헌도에 따라 처우가 달라졌다. 만일 평가 기준이 이상하면, 유력 선수가 그 팀을 상대해주지 않았기 때문에 잘못된 평가를 계속하면 팀의 멸망을 초래했다.

주먹밥 공화국은 이러한 라이벌 전략을 전혀 알지 못한 채 태연하게 평화헌법의 정신에 따라 본질적인 경쟁을 배제하고 단일 리그 제를 고집해왔다. 불평등의 냄새를 풍기는 복수 리그 제를 금지하고, 리그 안에서도 고용 안정을 최우선으로 하여 퇴장이나 팀 교체를 금지했다. 그 안에서의 선수 경쟁은 객관적인 편차치 뿐이었다.

그 결과, 아무리 패배해도 모든 팀은 계속 존속했다. 팀 내부에서는 편차치를 기준으로 한 격렬한 경쟁이 계속되었지만 경쟁에 패배해도 다른 팀으로 이동시키는 일은 없었다. 선수 교체가 전혀 없는 주먹밥 공화국의 리그는 10년 간 계속 되면서 점차 활력을 잃어 갔다.

이 상태에서 주먹밥 공화국이 갑자기 개국을 했다. 게다가 스테이크 공화국의 급여가 좀더 나았기 때문에 불과 몇 년 사이에 주먹밥 공화국 팀은 전부 멸망하고 말았다. 모두 스테이크 공화국 팀의 지부로 전락해버리고 만 것이었다.

그런데 이상하게도 주먹밥 공화국 출신의 선수 중에서 스테이크 공화국의 일부리그에서 활약하는 스타가 몇 명 탄생했다. 그 중의 한 명이 '이치로(시애틀 매리너스 소속, 2004 메이저리그에서 84년 만에 미국 프로야구 메이저리그 한 시즌 최다 안타기록을 세우며 '전설의 사나이' 라는 극찬을 받음)' 였다.

분명히 10년 전처럼 경쟁력의 원천이 '개선' 이었을 때는 멤버의 교체도 없이 안심하고 서로 협조할 수 있는 구조가 효과적이었다. 그러나 지금은 '개선' 이 아니라 강력한 '혁신(innovation)' 이 더 필요하다. 혁신시대에서는 교체가 있어서 균형점이 원활하게 이동하고, 복수, 글로벌적인 면이 절대적으로 강하다. 이것은 무엇이 더 도덕적이냐의 문제가 아니다. 그저 단순히 약육강식의 문제이다.

주먹밥 공화국은 스테이크 공화국과의 경쟁 외에 안으로도 흔들리고 있었다. '국내 규정'은 실력 있는 개인에게는 전혀 도움이 되지 않았기 때문이다. 분명히 '샐러리맨의 천국'이라고 할 수 있는 상황이 있었지만 수익자는 중년남성에 한정되어 있었고, 그 중년남성 중에서도 남과 다른 행동을 하는 사람은 외국인 취급을 당했다.

그리고 이웃나라인 '만두 공화국'의 싼 젊은 인력이 크게 대두되면서 늙은 주먹밥 공화국은 더욱 깊은 혼돈의 수렁 속으로 빠져들고 있다.

요컨대, '정문의 미국, 후문의 중국' 사이에서 '우리 배'는 절묘하게 균형을 잡으면서 천천히 가라앉고 있는 중이다. 이제 곧 폭포가 기다리고 있을지도 모르지만 아직은 알 수 없다. 그러나 내리막길에 들어선 것만은 분명한 사실로, 외부로부터의 압력은 점점 거세지고 개인도, 집단도, 나라도 브레이크를 밟고 있는 건지, 아니면 액셀을 밟고 있는 건지 알 수 없게 되었다. 그래도 이런 혼란 속에서도 부분 균형을 유지하려고 안간힘을 쓰고 있다. 그래서 폐쇄주의, 집단주의를 계속 지켜나가면서도 한편으로는 나라를 개방하기 시작한 것이다.

■ '연공서열, 종신고용' 의 시대는 이미 끝났다!

기업은 21세기에 들어서면서부터 인재 선별을 실시하기 시작했다. 샐러리맨이나 화이트칼라라고 불리는 사람들이 '재력가' '단순 노동자' '무능력자' 로 나누어지기 시작한 것이다. 여기서 '재력가' 는 만일 자신이 일하는 회사를 그만두더라도 돈 벌 능력이 있는 자를 말한다.

'단순 노동자' 는 시간제 근무처럼 단순노동을 하는 사람이다.

'무능력자' 는 능력이 없어서 월급주기도 아깝다는 평가를 받고 회사에서 '그만두라' 는 말을 듣는 사람이다. 이 '인재의 선별' 은 여러 가지 형태로 나타나고 있다. 예를 들어 구조조정처럼 드러내놓고 실시하는 경우도 있고, 은밀하게 구박해서 내쫓거나 그 사람에게 아무런 정보를 주지 않거나 하는 경우가 있다.

여기에는 기업 대표가 독단으로 행하는 선별, 닛산(日産)의 카를로스 곤(Carlos Ghosn 닛산자동차 주식회사 사장 겸 최고경영책임자. 기업개혁경영자 표창 수상자)사장, 전 축구 감독 필리프 트루세(TROUSSIER. 프랑스 출신으로 전 일본축구대표팀 감독)와 같이 외국인의 힘을 행하는 선별, 합병 속에 행해지는 선별 등 여러 가지 계기가 있다. 아직 선별을 행한 기업은 많지 않지만 적어도 인재는 선별되어야 한다는 생각이 기업사회에 급속하게 번져나가고 있는 것만은 사실이다.

그 결과, 사회적 지위나 연령, 성별, 국적의 가치가 떨어지고 실력과 실적의 가치가 상승했다. 공헌도에 따라 돈을 받는다는 당연한 경제원리가 인재관리에서도 적용되기 시작한 것이다.

이렇게 해서 '같은 회사에 근무하며 회사에 충성을 다하는 동료'라는 생각도 허무하게 사라지고 대신에 지금보다 돈을 더 많이 버는 '재력가', 싼 임금에 만족하는 '단순 노동자', 더 이상 있을 곳이 없어진 '무능력자'로, 일찌감치 동료들은 분해 되고 있다.

일찍이 고도성장기였던 시절, 그 성장 비결이라고까지 일컬어 졌던 '연공서열'과 '종신고용'은 그 효력을 잃고 경제사회에서 퇴장하고 있다. '구조조정'과 '성과주의'라는 두 개의 닻을 내건 글로벌 자본주의의 흑선이 마침내 상륙한 것이다.

'재력가' '단순 노동자' '무능력자' 란?

재력가	자신이 근무하는 기업을 그만두어도 돈 벌 능력이 있는 사람.
단순노동자	시간제 근무나 아르바이트를 비롯한 단순노동을 하는 사람
무능력자	능력이 없어서 월급주기도 아깝다는 평가를 받고 회사에서 '그만 두라'라는 말을 듣는 사람

이 책의 주제는 '재력가'의 특징을 분석하여 어떻게 하면 내 아이를 재력가로 만들 수 있는지 알아보는 것이다. 하지만 그 전에 지금 기업 등에서 왜 '재력가'를 둘러싸고 쟁탈전이 벌어지고 있는 것인지 그 속사정을 먼저 알아보자.

그 최대 원인은 경제적인 가치를 생산하는 원천이 '물건'에서 '정보, 지혜'로 바뀌었다는 데 있다. 지금은 전형적인 물건 만들기의 제조업이라도 그 부가가치의 원천은 물건 자체가 아니라 서비스에 있다. 여기서 서비스의 내용이 '정보와 지혜'라는 점이 중요하다. 기업이 창출해내는 가치의 초점이 물건에서 정보와 지혜로 이동한 것이다.

그 뿐만이 아니다. 가치를 생산하는 과정도 공장이나 기계, 토지라는 물질적인 것보다 정보와 인간의 지혜가 중요한 역할을 맡게 되었다. 그리고 그 정보와 지혜 부분에 대한 소비자와 고객의 요구가 점점 높아졌다.

지금까지 대중 고객은 모두 일률적으로 취급되어왔지만, 지금은 고객들이 각자의 개성적인 취향에 맞는 상품을 요구하는 시대가 되었다. 진정한 개별소비자의 주권이 확립된 것이다. 그리고 인터넷이 그 점을 더욱 가속시키고 있다.

전에는 획일화된 물건으로도 충분했던 고객들이 이제는 개별 고객으로서 구입하고자 하는 물건에 정보, 지혜를 부가하여 그

요구에 응해줄 것을 기업에 요구하고 있다. 그 결과, 기업 쪽에서는 고객을 확보하고 유지하는 데 필요한 정보, 또는 지혜 부분이 비약적으로 중요해지기 시작했다.

물론 이러한 정보와 지혜 부분의 정형화는 인간이 하지 않고, 컴퓨터 등이 대신한다. 따라서 고객의 욕구를 충족시키기 위해서 필요한 정보, 지혜의 증대에 따라 컴퓨터로 처리할 수 있는 부분도 비약적으로 상승했다. 인터넷쇼핑의 경험자라면, 자신에 관한 데이터가 점차 축적되어 그것을 활용하려는 기업의 노력을 한두 번 정도는 체험했을 것이다.

이처럼 증대하는 정보, 지혜에 대한 요구의 상당한 부분은 컴퓨터로 대응할 수 있지만 여전히 인간만이 창조할 수 있는 부분이 있다. 그리고 인간이 창조할 수밖에 없는 부분은 크게 둘로 나누어져 있다. 그 중에 하나가 '재력가'의 영역이다. 이는 컴퓨터가 처리할 수 없는 부분을 해내는 것이다. 또 다른 하나는 '단순노동자' 영역으로, 컴퓨터가 처리할 수 있는 '인력' 부분과, 대인 서비스에 해당하는 부분이다.

위의 내용을 정리하면 '재력가의 영역(변화가 풍부한 고급스런 부분)', '무능력자의 영역'(컴퓨터가 대신할 수 있는 부분), '단순노동자의 영역(컴퓨터화가 되지 않은 단순작업부분)'으로 나눌 수 있다.

정보화 시대에서는 얼마만큼 발 빠르게 대응할 수 있는가에 따라 대부분 기업의 승패가 갈린다. 물론 때를 잘 만난 사업과 시대에 뒤쳐진 사업의 차이는 있다. 또한 경영모델에서도 마찬가지다. 그러나 어느 쪽이든지 열쇠를 쥐고 있는 것은 재력가다. 재력가가 없는 기업에서는 고객이 창출해내는 변화에 쉽게 영향을 받거나 변화와 상관없이 종래의 방식을 되풀이하여 서서히 몰락하고 만다.

■ '단순노동자' '무능력자' 가 대량 발생하고 있다

지금의 사회를 냉정하게 나누면 '재력가' 가 10퍼센트, '단순노동자' 와 '무능력자' 후보를 합쳐서 80퍼센트, '무능력자' 가 10퍼센트 정도 존재한다. 물론 '무능력자' 도 자신이 원해서 그렇게 된 것은 아니다. 구조적인 환경변화의 대응이 늦어진 과도기의 현상 탓이다.

아마도 '무능력자' 는 우리 아이들이 어른이 될 무렵에는 감소하여 '단순노동자' 가 되거나 아니면 퇴직할 것이다. 자, 그렇다면 한번 생각해보자. 이렇게 '재력가' 가 반 수 이상도 되지 않는 상황에서 우리 아이들이 이대로 평범한 교육을 받는다면 어떻게 될까? 아무리 생각해도 '단순노동자' 이상 되기는 힘들다고 본다.

그런데 '무능력자' 는 어떤 종류의 인간일까? 간단히 말하면 자신이 기업에 공헌하는 것보다 급여를 더 많이 받는 사람이다.

기업의 급여는 얼마 전까지만 해도 대개 연령이나 근무 년 수에 따라 정해져 있었다. 대학을 나와서 일류기업에 입사하면 40세에 얼마, 50세에 얼마라는 정해진 금액이 있었다. 과장이나 부장 등의 관리직이 되면 다소 얼마간의 가산은 있었지만 그다지 대단한 금액은 아니다. 전체적으로 대학을 나왔는가, 어느 업계의 기업에 들어갔는가, 일류기업이냐 아니냐에 따라 정해져 있었다.

그 결과, 그 사람의 실력이나 실제 공헌도가 급여와 일치하지는 않았다. 다만 운이 좋아 좋은 대학은 나오고 좋은 기업에 들어가서 그 기업에 충성을 맹세하면 그 사람은 어느 정도 안정된 급여를 받아왔던 것이다.

그런데 최근에 갑자기 '당신의 급여는 너무 많다' 라는 말을 들었다. 그나마 대부분의 사람이 자신의 공헌도에 비해 높은 급여를 받았기 때문에 모두 함께 삭감을 당했다는 사실로 위안을 삼을 뿐, 몇 년 전까지만 해도 자신의 선배들이 받았던 승급은 없어졌다.

그뿐만이 아니다. 조기퇴직을 종용하는 여러 가지 조치가 취해지면서 '이 정도의 금액을 지불해서라도 당신이 그만두는 편이 회사를 위한 것이니 부디 그만두어 달라' 라는 메시지가 회사 측에서 계속 나오고 있다.

기업 측에서는 꼭 남아주었으면 하는 일부 사람에게는 선별의 메시지를 계속 보내지만 전체적으로는 무능력자들이 조금이라도 쉽게 그만두게 하기 위해 머리를 짜내고 있는 실정이다.

내가 고객기업의 급여제도를 성과주의로 바꾸기 위한 분석을 하다 보면 대부분의 경우, '이 사람들은 너무 받았다' 라는 데이터가 그래프 상으로 확실하게 나타난다. 이른바 중장년층이다. 이 그룹이 지금까지의 방식대로 연령에 따라 급여가 올랐기 때문에 그에 맞춰서 급여를 준 것뿐이라고 주장한다면, 이 그룹이 무능력해지는 것은 어쩌면 당연한 결과일지도 모른다. 물론 전원이 아니라 일부에는 '재력가' 가 들어있지만 그래봐야 고작 10퍼센트에 지나지 않는다.

어제까지 자신은 '재력가' 라고 생각하고 있던 대기업의 부장이나 과장이 '무능력자' 가 되어 조기퇴직 프로그램에 따라 회사 밖으로 쫓겨나서 '단순노동자' 가 되어버리는 씁쓸한 현상이 점차 확대되고 있다.

더욱이 말할 것도 없지만 '무능력자' 중에는 실제로 직장을 잃은 사람도 포함되어 있다.

또 하나의 그룹, '단순노동자' 는 싼 급여나 싼 시간제 임금을 받아도 좋다고 생각하는 그룹으로, 주로 정형적인 일에 종사하는 인재다. 누가 해도 별로 차이가 없는 일, 차이가 나서는 곤란한 일에 종사하는 사람들이다. 이미 기업은 사원에게 이러한 일을 시킬 거라면 '단순노동자' 를 고용한다는 방침을 세우기 시작했다. 더구나 장기고용의 번거로움을 피하고 편리하게 시간제로 쓴다는 자세가 강해졌다.

'단순노동자' 의 측에서 보면 어느 수준의 일을 '싸게' 하는 것만이 세일즈 포인트가 된다.

그러나 최근 경향을 보면 '단순노동자'의 대표 파견 회사도 기업 측이 컴퓨터 기능 등의 기술을 요구해 오고 있어서 그에 따라 수입에 커다란 차이가 나타나고 있다. 또한 파견과 더불어 최근 급증하고 있는 것이 아웃소싱(outsourcing. 기업 내부의 프로젝트를 제3자에게 위탁해 처리하거나, 외부 전산 전문업체가 고객의 정보처리 업무의 일부 또는 전부를 장기간 운영·관리하는 것)이다. 특히, 외부의 '단순노동자'로 전환해 가는 업무 중에, 기업 안에서 정사원이 하고 있던 인사, 경리, 경영, 정보시스템 등을 외부 업자에게 맡기고 있다. 이것이 좀더 진행되면 중국 등의 인건비가 싼 나라에 일이 흘러 들어가서 '단순노동자'가 '무능력자'가 되어버릴 가능성이 있다. 어쩌면 단순하게 가능한 일이 아니라 그것은 현실로 나타나고 있다.

■ '재력가'가 높은 급여를 독점하는 시대

'재력가'는 한 마디로 이야기하면 시장에 평가되는 성과를 한결같이 내놓아 회사에 돈을 벌어들이는 인재다.

그와 같은 사람들 중에는 기존 회사에 의존하지 않고 스스로 독립하여 창업하는 사람도 있다. 더구나 자신이 일궈놓은 실적을 가지고 기존 대기업으로부터 요청을 받고 재건을 위해 다시 들어

가서 성공을 거두는 사람도 있다.

요컨대 '재력가'란 기업에 속해있든지, 아니면 스스로 창업하거나, 또는 기업의 요청으로 재건에 고용되든지 간에 '돈을 버는 구조'를 계속해서 생산해내는 히트 제조기와 같은 인재다.

앞으로의 기업의 운명은 그 회사가 '재력가'를 몇 명이나 확보할 수 있는가에 달려있다고 해도 과언이 아니다. 이러한 사정을 상징하는 말로, 세계에서 사용되고 있는 '워 포 탤런트(War for Talent)', 즉 비즈니스 세계의 인재를 둘러싼 쟁탈전이다. 인재는 이 책의 키워드로, 나중에 또 상세하게 설명하겠지만 우선 '자신의 실력으로 돈 버는 사람'이라고 생각하면 된다.

인재 쟁탈전이라는 말이 나오기 시작한 직접적인 계기는 아마도 새롭게 생겨나는 인터넷 관련 기업의 붐에 있다고 할 수 있다. 새로운 기업들이 생겨나는 붐 속에서 종래의 대기업과 경영컨설팅 기업에 모여 있던 인재들이 썰물처럼 빠져나가 창업을 시작했다. 그런 와중에 종래의 기업들은 어떻게 해서든지 그러한 인재들을 돌아오게 하려고 손을 쓰기 시작했는데, 그것이 바로 인재 쟁탈전이었다.

물론 이미 알고 있는 바와 같이 인터넷 관련 회사 붐은 일단락되었고(거품이 꺼졌다고 말하는 사람도 있다) 인재가 기존 기업으로 돌아오는 경향도 나타났다. 그러나 종래의 기업들은 여전히 '워 포 탤런트'라는 말을 취소하지 않고 있다.

미국에서는 1999년부터 2000년 봄에 걸쳐서 '인터넷관련 기업의 거품'이 생겨났는데, 2000년 봄부터 연말에 걸쳐 이 거품 경제가 붕괴되기 시작했다. 그 결과, 종래처럼 고용자 측이 사원을 채용하기 위해 뭐든지 하는 '사원은 왕'의 시대가 끝났다. 하지만 그것은 거품경제의 탄력을 받아 우대받은 비인재층에게만 해당하는 이야기였다. 즉, '단순노동자'나 '무능력자'가 '재력가'로서 대우받은 이상한 거품상황이 해소된 것뿐이었다. 재력가는 여전히 쟁탈전의 대상이었다.

앞에서 '재력가'는 약 10퍼센트라고 말했지만, 그것은 결정론적인 것이 아니다. 글로벌적인 경쟁 속에서 얼마만큼 '재력가'가 나올지는 알 수 없다.

만일 우리가 아이의 재능을 꽃 피워주는데 성공한다면 '재력가'의 비율이 훨씬 높아질 수 있기 때문이다. 반대로 지금의 상황 그대로라면 아이들이 어른이 되었을 무렵에는 글로벌적인 인재시장에서 '재력가'의 비율이 더욱 악화될 우려도 있다.

부모의 처지에서 나는 가능하면 내 아이가 '재력가'가 되었으면 하는 바람이 있다. 그리고 가능하다면 '재력가'의 비율을 조금이라도 높여주었으면 한다. '공적인 교육은 믿을 수 없다. 스스로 방법을 찾지 않으면 안 된다'라는 생각이 든다.

■ '한국과 일본적인 시스템'은 과거의 대 걸작

지금까지 '붕괴하는 국가라는' 주제로 국가를 부정하는 논조로 서술해 왔다. 하지만 사실 지금 대두되는 여러 가지 문제들은 국가 시스템의 실패의 결과물이 아니다. 한때 꽤 잘 나갔기에 나타난 결과이다.

나는 이 시스템을 '균형'이라는 말로 표현한다. 좁은 국토 안에서 같은 사람들끼리 아무리 격렬하게 경쟁했다고 하지만 결국 선의의 경쟁을 하며 닮은꼴 사람들이 이루어낸 시스템에 불과하기 때문이다. 그것은 어떤 의미에서는 기적적인 구조였다. 각자 자신이 하고 싶은 것을 참으며 사이좋게 총체적인 성과를 이루어낸 것이다.

사회라는 집단은 문화와 언어를 공유하는 사람들이 집단 안정을 우선적으로 생각하고, 균형을 깨지 않기 위해 마치 집단이 한 사람인 것처럼 능숙하게 균형을 잡아왔다. 나는 이것이 뒤쳐진 모델이라고는 생각하지 않는다. 단지 약간 이상하게 진화한 모델이라고 생각할 뿐이다. 누구라도 마음 내키는 대로하고 싶었을 텐데도 그것을 억제하고 집단의 논리를 우선으로 한다는 것은 극히 정이 있는 문화적인 행위이다. 지금까지 완성도 높은 수준으로 집단주의를 실천한 과거의 사람들에게는 솔직히 머리가 숙여진다.

또한 이 시스템에는 3단계의 제어장치가 존재했다. 우선 개인이 '전례를 무시하고 이런 이상한 일을 하면 사람들한테 비웃음을 살지도 모르니까 그만두자'라고 스스로 억제한다. 설령 개인이 일탈행동을 하려고 해도 곧바로 집단에서 브레이크를 걸어온다. 더구나 글로벌 경쟁에 나선 집단이 먼저 달리려고 해도 뒤쳐진 복수의 지역 집단으로부터 제지를 당한다. 이처럼 누군가, 또는 어느 특정집단이 일탈행동을 하는 순간 그들을 저지하는 제어장치는 단기간 동안 집단의 안정을 지키는 수호신으로서 아주 견고하게 제 기능을 발휘했다.

그 중에는 아이의 교육도 중요한 역할을 해왔다. 한마디로 이야기하면 교육방침은 혼자 두드러지는 학생은 나오지 않게 하는 것이다. 그렇게 만들어진 정교한 질서사회는 미국 스타일의 조직과 비교해서 공업 분야에서 상당히 세밀한 전원의 능력을 이용한 개선을 가능하게 만들었다.

이 점에 우리의 물건 만들기의 전통인, 도시락과 분재로 상징되는 섬세하고 자상한 장인적인 창조의 세계를 전해한 것이다. 이것으로 세계를 제패하는데 거의 성공했고, 제2차 세계대전에서의 패전에서 경이로운 회복을 이루었다.

다시 말하자면 비 서구국가에서 유일하게 서구를 능가하는 공업화를 달성한 것이다. 더구나 빈부의 차가 거의 없는 평등한 사회를 만들었으니 이 얼마나 위대한가!

그러나 유감스럽게도 공업화 사회에서 정보화 사회로 변하면서 국제경쟁사회에서는 더 이상 지금까지의 시스템으로는 경쟁력이 없다는 것을 알았다. 그래서 지금까지의 물건을 근본적으로 바꾸어 다른 물건으로 대체하기도 하고, 세계로 눈을 돌려 재구축할 필요가 생겨났다. 어쩌면 지금까지 너무 큰 성공을 이루었기 때문에 계속 성공하고 싶은 '성공의 덫'에 걸려버린 것일 수도 있다.

지금까지의 한국과 일본적인 시스템은 상당히 정밀하기는 했지만 그것은 단지 공업제품을 분담 받아서 만드는 일에 최적화되어 있을 뿐이었다. 그런데 정보화 사회가 되면서 물건보다도 정보, 서비스로 가치의 중심이 이동해버리자 모두 같은 일을 해서는 이길 수 없게 되어버린 것이다.

그러나 공업화 사회 이전부터 전통적으로 육성해온 물건 만들기의 장인 문화는 앞으로도 최대의 강점으로 계승될 것이다. 정보화 사회에서 그것을 없애면 다른 면에서는 장점이 없는 한국과 일본이 생존하기는 어렵기 때문이다.

그리고 학교다. 지금까지 한국과 일본적인 시스템에 푹 젖어있던 학교는 단순히 공장의 우수한 직원을 만드는 구조에 불과했다. 급속한 구미화, 공업화를 위해 과거부터 계속 같은 구조를 취해왔다. 모두 선생의 수업을 듣고 그것이 틀리지 않도록 확실하게 테스트를 하고, 시간을 지키고 모두 협력한다. 이런 식으로 각자 배워온 것이 모두 같기 때문에 전 세계가 빠르게 정보화 사회라든가 글로벌화, IT화로 변해 가는데도 제대로 대처하지 못하는 것이다.

물론 여전히 낡은 시스템 안에 남겨져 있는 학교는 옛날 방법이 통용이 된다. 그러나 그렇게 해서는 사회에 나와서 이기고, 즐기며, 돈을 벌 수는 없다. 그런 구태의연한 모습 중의 하나가 입시전쟁이다. 편차치를 다투고 철저하게 공부해도 지금 시대에 통용되는 인재는 만들지 못한다.

2. '쓸모없는 교육'을 받고 있는 아이들

■ 일류대학에 들어가도 '재력가'는 될 수 없다!

일류대학을 나오면 왠지 '용꼬리'가 되어버리는 사람이 많은 것 같다. 이 말은 '용의 꼬리보다 닭의 머리가 낫다'라는 속담의 '용꼬리'를 뜻한다. 닭머리는 작고 볼품없는 집단의 리더, 용꼬리는 크고 훌륭한 집단에서 존재가치가 미비한 사람을 가리킨다.

일류대학에 가는 사람은 브랜드 지향형이므로 그들은 직업을 선택할 때도 능력 있는 사람이 가는 곳에 개미처럼 몰려든다. 그러나 그러한 곳에서도 1등은 단 한 명뿐이다. 그러므로 1등이 된다는 것은 무척 힘든 일이다.

관청 역시 부딪치는 사람은 모두 일류대학 출신일 정도로 고학력 출신들이 모여 있다. 그렇다면 여기서 1등이 되는 것은 얼마나 힘들고, 수재들이 만들어 온 규칙 속에서 하는 게임은 얼마나 갑갑할까?

그곳에서 창조성을 발휘한다는 것은 아주 특출한 천재가 아닌 이상 무리다. 그리고 일류대학에 가는 사람 중에는 천재가 많지 않기 때문에 어떤 의미에서는 처음부터 그들이 용꼬리가 된다는 것은 정해져 있다.

일류대학이라고 했지만 이것은 교토대학(京都大學)도, 히토쓰바시대학(一橋大學)도, 게이오대학(慶應大學)도, 와세다대학(早稻田大學)

도, 심적 상태가 일류대학과 같은 사람은 이와 마찬가지다.

　잘난 척하며 이 글을 쓰고 있는 나도 그런 전형 중의 한 사람이다. 일류대학을 졸업한 후에 일류대학 출신이 다수를 차지하여 지금은 주간지를 떠들썩하게 하는 외무부에 들어갔다. 그렇기 때문에 일류대학에 들어가는 사람의 기분, 일류대학 출신의 행동을 단정지어 이야기할 수 있다.

　가장 알기 쉬운 용꼬리의 예는 관청, 특히 중앙 관청이다. 중앙 관청은 고도성장 무렵까지는 어떠한 역할을 해왔지만 현재 국제 경쟁력을 쥐고 있는 산업에 관해 이야기하면 관청이 개입해서 경쟁력이 생겼다고 하는 곳은 거의 없다. 오히려 관청의 방해를 받았거나 방치된 사실이 경쟁력을 가져왔다(예를 들어 자동차 업계). 그렇게 생각하면 관청은 돈을 버는 데는 그다지 공헌하지 않았다. 이러한 관청의 중심적인 인재는 일류대학 출신, 특히 법학부 출신이다.

　이 의미는 아이를 키울 때에 깊이 생각해 볼 필요가 있다. 일류대학에 아이를 넣는 것은 굉장히 힘든 일이다. 지위적으로 볼 때 의학부가 최대의 난관이라면 그 다음이 법학부다. 그런데 이곳을 졸업해도 별로 가치가 없다면 실로 놀랄만한 역설이 아닌가?

　입시 성공자라고도 할만한 일류대학 법학부. 그곳의 가치는 '재력가'라는 관점에서 볼 때 상당히 낮다. 이것은 아이에 대한 교육의 투자효율이 꽤 낮다는 것을 의미한다.

■ 일류대학 출신의 부모가 아이를 귀국자녀로 만드는 이유

자주 있는 일은 아니지만 그렇다고 특별하지도 않은, 그런 놀랄만한 일이 있다. 일류대학을 졸업하고 일류기업, 금융기관, 관청 등에 근무하고 있는 아버지들 사이에서 '어떻게 하면 내 아이를 해외 귀국자녀로 만들 수 있을까?' 라는 생각을 하게 되었다는 것이다.

실제로 상당히 오래 전부터, 해외로 부임하면 아이에게 좋은 기회가 될 것이라고 생각하는 부모들이 있었다. 그러나 그것은 단지 아버지의 해외 전근이 결정되었을 때의 생각에 지나지 않았다. 해외로 가면 입시 때 약간의 플러스가 된다거나 또는 귀국자녀 특혜를 활용하면 입시에 유리하다는 그냥 그런 말들만 나도는 정도였다.

그런데 최근에는 '해외근무 기회를 오히려 적극적으로 만들려는 사람이 늘고 있다. 그것도 당신을 위해서라기보다 아이의 교육을 위해' 라는 발상이 압도적이다. 그것은 입시 때문만이 아니라 교육을 위한 것이다. 내 나름대로의 표현으로 설명하면 '재력가' 를 기르기 위한 교육이다.

내가 아는 사람은 아이에게 해외경험을 쌓게 한 다음 돌아오겠다는 유학형을 넘어서서, 교육 이주형이 되었다. 그 친구의 말에 따르면 '자신은 유명 중학교, 고교, 그리고 일류대학을 졸업하고 일류 금융기관에 들어갔지만 그 동안 대부분 지적인 논의, 지적

인 커뮤니케이션의 흥분을 맛보지 못했다. 그런데 어쩌다가 유학의 기회와 해외부임의 기회를 얻고 그 재미와 자신이 그것을 경험하지 못했던 것에 대한 억울함을 맛보았다. 따라서 마침 아이가 초등학교 저학년이었기 때문에 자식을 위해 영국으로 이주할 것을 결심했다'고 했다.

이런 종류의 이야기를 들어도 나는 아직 스스로 이주할 모험을 할 용기는 없다. 그래서 나는 내 자신이 한심하게 느껴졌지만 동시에 가능하면 이 나라에서 자신감을 갖고 아이를 키우고 싶다는 생각을 했다.

■ '블랙홀 대학'의 출현

나는 최근 십대 청소년의 실태를 알기 위해 도쿄·이노카시라(井の頭)선 고마바도다이마에(駒場東大前) 역에 있는 '프리패스' 학원의 원장인 고메다니(米谷) 씨와 자주 이야기를 나눈다. 그 고메다니 씨한테 들은 충격적인 '블랙홀 대학' 이야기를 소개하겠다.

아무리 생각해도 초등학생 정도의 학력밖에 없는 아이가 어느 대학에 합격했다는 이야기였다. 나 역시 어느 의사의 '아들을 대학에 넣고 싶다'는 부탁을 받고 5년에 걸친 합격계획을 세운 적이 있었다. 그의 학력이 중학교 2학년 정도였으니까 아무래도 5년은 필요하다고 생각했다.

그러나 그는 2년이 되던 해에 지방 의대에 합격했다. 물론 본인도 노력했지만 객관적으로 말하면 어느 대학을 가겠다고 특별한 목표를 설정하거나 대학을 고르지만 않으면 누구나 쉽게 대학에 들어갈 수 있다는 이야기다. 더구나 이러한 일이 상당수의 사립대학에서 일어나고 있을 가능성이 높다. 그렇게 되면 대학의 가치는 떨어지고 재수학원의 존재가치도 없어진다.

　　한편, 일류대학 등에 가는 아이는 초등학교 때부터 과외학원을 다닌다. 머리가 좋은 아이는 5학년 때부터, 보통 아이는 3학년 때부터 과외 학원에 다니는 것이 일반적이다. 학원에서는 마치 스포츠 선수를 훈련시키듯이 철저하게 시험문제를 푸는 일 만을 계속해서 가르친다. 그렇게 해서 아이는 명문중학교에 들어가게 된다.

　　중학교에 들어가서도 부모와 본인은 과외를 계속하지 않으면 불안해서 견딜 수가 없다. 그래서 같은 재단의 중,고등학교에 들어가서도 또 입시준비를 계속한다. 물론 이렇게 하면 아마도 명문대학에 합격할 수는 있을지 모른다. 그러나 때마침 그 단계에서 프로야구 선수인 투수의 어깨가 망가지듯이 머리가 고장나버리고 말 것이다.

아이의 머리가 붕괴하는 과정

초등학교 저학년부터 과외학원 다닌다

야구선수가 계속 1,000개의
공을 잡는 연습만 한다

무조건 시험문제만 푸는
테크닉을 배운다

명문중학교 입학

(그라운드를 50바퀴 뛴다)
(한 명의 투수가 고교야구대
회에서 쉬지 않고 5게임 연
속 공을 던진다)

학원과 학교에서 입시
공부의 테크닉을 계속
해서 주입 받는다

명문대학 합격

'드디어 해냈다!' 라고 생각한 순간,

사고력 제로의 대학생 탄생!

지나친 혹사로 인해 야구선수의 몸도, 아이의 머리도 망가지고
만다!

'머리는 사용하면 사용할수록 좋아진다' 라는 말을 자주 하지만 그것은 거짓말이다. 머리를 잘못 사용하면 고장나버린다. 무조건 외우는 일, 그것도 무엇이 중요한지 모르는 일을 아무런 의문도 없이 그저 외운다고 하는 것은 마인드 컨트롤에 가깝다. 그렇게 해서 모처럼 좋은 대학에 들어가도 머리가 고장나버리면 그것으로 끝이다.

그러한 위기감을 사전에 막고자 고메다니 씨가 운영하는 프리패스학원은 입시 게임에서 높은 성공률뿐만 아니라 본질적인 사고력 개발에도 힘을 쏟고 있다. 나도 그 사고방식에 반해서 무언가 협력하려고 생각하는 중이다.

■ 왜 시대에 맞지 않는 교육이 버젓이 통하는가?

이렇게 보다보면 왜 비즈니스 세계의 움직임이 교육에 아무런 영향을 미치고 있지 않는지 상당히 의아스럽게 느껴진다. 사실, 지금의 교육이 나를 포함한 현재 비즈니스 세계에 있는 사람이나 앞으로 비즈니스를 짊어질 아이에게 최저의 투자를 하고 있다는 것은 명백하게 알 수 있다. 그리고 동시에 그것이 쉽게는 변하지 않는다는 것도 사실이다.

그 이유는 무엇일까? 나는 기존권익의 '습성의 법칙' 이라고 생각한다. 사회의 움직임에는 상당히 커다란 질량과 에너지가 있기 때문에 그것이 불합리해도 갑자기 멈출 수 없고 되돌릴 수도 없다.

반대로 이야기하면 변혁의 조건이 아직 갖추어져 있지 않기 때문이다. 습성이 강할 때는 변혁의 필요성을 절실하게 느끼면서도 위기감이 나타나지 않기 때문에 변혁은 일어나지 않는다.

입시제도는 하나의 문화이지만, 입시문화에서 이익을 보고 있는 사람은 입시산업을 제외하면 많지 않다. 아이들은 입시를 위해 노력하지만 결국 대가를 얻지는 못한다. 좋은 대학에 들어가도 앞날이 뻔하기 때문이다. 그리고 입시과정에서의 공부는 빈말이라도 결코 재미있지 않다.

사회적으로는 입시문화가 중심이 되어 있어서 그곳에서 이기지 않으면 자신뿐만 아니라 부모도 체면이 서지 않기 때문에 할 수 없이 따르는 것뿐이다. 그것도 인생에서 가장 감성적인 시기에 말이다.

부모에게도 현재의 입시제도는 타산이 맞지 않는 투자다. 우선 아이의 입시준비 때문에 돈이 든다. 현재 응시하는 중학교나 고교는 대부분 사립이다. 공립학교가 '융통성 있는 교육'으로 아이의 학력을 계속 떨어뜨리고 있기 때문이다. 그 결과, 우습게도 부모의 지갑은 '여유'가 없어졌다.

아무도 이런 제도의 존속을 원하지 않는데도 입시제도라는 기계는 굉음을 내며 아이들을 이전보다 더욱 효율적으로 계속 쥐어짜고 있다.

내가 생활했던 실리콘밸리에서는 부모의 교육과 소득수준이 높기도 해서 아이들은 꽤 바빴다. 주간지나 신문 등에서도 거론하고 있었지만 그 아이들은 학교가 끝난 후에도 여러 가지를 배워야만 했다.

월요일은 농구클럽, 화요일은 플루트교실, 수요일은 스케이트교실, 목요일은 체스강좌 등이었다. 하루에 두 개의 프로그램을 소화해내는 아이도 적지 않았다. 나는 그곳에 있을 때 개인 재즈 레슨을 받은 적이 있었는데 내 앞에는 열다섯 살의 소년이, 내 뒤에는 열세 살의 소년이 배우고 있었다.

미국에서도 아이는 역시 학원을 다니고 있었다. 다만 교육 내용과 장소가 달랐다. 편차치라는 편향된 숫자를 올리기만 하는 것이 아니라, 이왕이면 어떤 악기를 연주할 수 있게 되고, 농구를 잘하게 되고, 팀에 대해서 배우고, 몸을 단련하는 편이 좋다는 것이다. 따라서 배우는 과정은 즐겁고, 능숙해진 결과는 자신의 몸과 머리에 자산으로 완벽하게 남는다.

어느 지방 도시명이나 생물의 이름을 외운다고 해서 몸과 머리가 감동할 리가 없다. 의미도 없는 수학공식을 기계적으로 외워서 그것을 다른 문제에 적응해 나갈 때 쾌감을 느끼는 일은 보통 사람이라면 불가능한 일이다. 그러고 보면 그렇게 힘든 일을 거의 전 초등학생, 중학생에게 하라고 하는 이 나라는 어떤 의미에서 굉장하다고도 할 수 있다.

아마 학원에서 배우는 것은 자신이 하고 싶은 일은 참고 부모와 사회가 요구하는 것을 무조건 해야만 하는 '인내의 정신' 뿐일 것이다. 그러한 기술이 능숙해지면 하고 싶은 일은 방해가 된다고 생각하고 멀리하며, 지금 눈앞에 있는 일에 집중하게 될 것이다. 그러는 사이에 학원에서 자신과 닮은꼴의 아이들하고만 친구가 되어버리고 만다. 이러한 현상을 보고 어떻게 이상하지 않다고 할 수 있겠는가!

움직이는 기차에 탄 우리들은 지금 달리고 있는 기차의 제도와 경제적 가치에 커다란 의문을 품으면서도 그곳에서 뛰어내릴 용기가 없다.

얼마 전, 내가 실리콘밸리 아파트에서 지낼 때 옆에 살던 친구가 출장을 나왔기에 함께 점심을 먹었다. 그는 대학을 졸업하고 지금까지 대기업 전기회사에서 근무하고 있다. 지금 40대 중반으로 미국에 8년 째 거주하고 있다. 두 명의 아이는 영어를 아주 잘한다.

그가 하고 싶은 말은 자신이 본사로 돌아오게 되었다는 것이다. 그런데 그가 맡은 본사업무가 실리콘밸리에서 해온 일과는 전혀 관련이 없어서 충격을 받고 있었다. 그리고 그는 대기업 전기회사에 계속 근무해야 할지, 아니면 실리콘밸리에서 그냥 자영업을 할지 고민하고 있었다.

상식적인 사람이라면 자신은 샐러리맨이니까 일은 선택하지 않는다는 원칙에 따라 대기업 전기회사 쪽을 선택할 것이다. 그러나 대기업 전기회사는 구조조정을 계속하고 있고, 훗날 대규모의 구조조정이 있을지도 모른다. 그렇다고 실리콘밸리에 일자리가 있던 것도 아니고, 그곳도 요즘 불경기다. 그러나 그는 퇴직해서 실리콘밸리로 돌아가는 것을 선택했다. 대기업 전기회사로 돌아오는 일은 그만 둔 것이다.

제2장

아이들을 망치는 「결코 해서는 안 될 10가지 금기어」

당신은 무의식중에 이런 언동을 하지는 않는가?

■ 부모의 노력

내 아이를 '행복한 재력가'로 키우려면 어떻게 해야 할까? 내 아이가 '행복한 재력가'가 되기 위해서는 물론 아이에게 타고난 재능도 있어야겠지만, 가장 중요한 것은 아이의 재능을 키우기에 적합한 환경을 마련하는 일이다. 그렇게 하려면 그 무엇보다도 부모의 노력이 절실하다.

특히 사회는 사업적인 재능을 키우기에는 부적합한 환경이므로, 부모의 역할이 더욱 중시된다고 할 수 있다. 따라서 부모는 아이의 재능을 키우기에 적합한 환경을 마련하기 위해 한 단계, 한 단계씩 지속적인 노력을 기울여야 한다. 물론 이렇게 노력하는 일이 쉬운 것만은 아니다.

반면, 아이의 재능을 없애는 일은 매우 간단하다. 그런데 이렇게 행동하는 부모들 대부분이 스스로 아이들을 망치고 있다는 사실조차 깨닫지 못한 채 무시무시한 필살기를 휘두르고 있다. 이 책에서 다루는 '아이의 재능을 없애는 부모의 열 가지 필살기'는 아이에게 엄청난 영향을 끼친다.

한편, 그러한 행동들을 자제하고자 노력하는 부모도 물론 있다. 그러나 그들도 인간이기에 자신을 완벽하게 통제하기란 불가능하다. 그래서 나는 아이들에게 이렇게 가르친다. "비록 부모가 상처 주는 말을 하더라도, 그것에 연연하지 않도록 스스로 자기 방어를 하라." 또한 아이가 '오늘따라 아버지 기분이 안 좋은 것 같아. 그래서 지금 나에게 다섯 번째 필살기를 사용한 거야'라고 생각하며 스스로 부모의 기분을 분석할 수 있도록 유도하고 있다.

금기 사항 (1) "부모가 하는 말을 잘 들어라"

"부모가 하는 말을 잘 들어라!"

"아버지는 진심이야. 그걸 모르겠니?"

"엄마가 하는 말을 안들을 거야?"

"부모를 대체 뭘로 보는 거야?"

"자식은 부모 말을 듣는 거야!"

부모들 대부분이 적어도 한번쯤은 자신의 아이들에게 이런 말을 했을 것이다. 혹은 대부분의 아이들도 부모에게 이런 말 한 번쯤은 들었을 것이다.

행복한 재력가는 자립한 인재이다. 자립한 인재는 아무리 강하고 두려운 사람이 하는 말이라고 해도 무조건적인 복종은 하지 않는다.

부모의 생각을 잘 따르는 아이로 키우고 싶다면, 무조건 '부모 말을 들어!'라고 강요하기보다 왜 부모 말을 따라야하는지 먼저 그 이유를 설명하는 것이 중요하다. 예를 들어 '시끄럽게 떠들지 마'라고 무조건 윽박지르기보다는 왜 시끄럽게 하면 안 되는지를 간단명료하게 설명해준다. 그 이유가 분명하고 더구나 급한 주의 사항이라면 단순하게 '조금만 조용히 해줄래?' 라고 말하거나, 또는 아이와 동등한 입장에 서서 '엄마는 네가 좀 조용히 했으면 정말 좋겠는데' 라고 부드럽게 타이르는 것이 좋다.

그러나 매번 아이에게 이유를 설명하기는 힘들다. 그러므로 일반적인 금지사항은 별도로 약속을 정하는 것이 좋다(이 금지 사항은 제3장에 있다).

첫 번째 필살기의 변화는 매우 다양하다.

"부모에게 하는 말투가 그게 뭐야!"

"시끄러워. 조용히 해."

"쓸데없는 말 그만하고 시키는 대로나 해" 등.

또한 "선생님이 말씀하신 대로만 하면 돼"라는 말도 매우 위험한 표현이다. 선생님의 말씀이니까 무조건 따르라는 말은, 부모 말이니까 무조건 따르라는 것과 같다. 이보다 아이가 스스로 판단하고 결정할 수 있도록 도와주어야 한다.

"학교에서는 선생님 말씀을 무조건 따라야 한다."

이런 식으로 무조건 아이에게 선생님의 말을 따르라고 강요하기보다는 그 이유를 논리 정연하게 설명할 수 있어야 한다.

"사장님이 말씀하신 대로 그대로 했습니다."

재능 있는 사업가라면 결코 이런 표현을 쓰면 안 된다. 물론 표현의 차이를 이야기하고 있는 것이 아니라 표현의 전제가 되고 있는 사고방식을 이야기하고 있는 것이다.

금기 사항 (2) "머리가 나쁜 건 누굴 닮았는지 몰라"

이 말도 효과 만점의 필살기다. 특히 아직 어린 아이에게는 무척 위험한 언어폭력에 가깝다. 특히 형제 또는 누군가 비교 대상이 있을 때, 이 말은 엄청난 위력을 발휘한다.

"너는 왜 그렇게 머리가 나쁜 거니? △△는 1분이면 다하던데."

실제로 부모는 이러한 비교를 자주 한다. 부모자식간이라는 편안함을 무기로 자기 아이에게 상처가 될지도 모르는 '바보'라는 말을 아무 거리낌 없이 내뱉는 것이다.

그런데 만일 아이 스스로 '혹시 나 바보 아닐까?'라며 생각할 수 있는 상황에서 '바보'라는 말을 듣는다면 아이는 '난 바보구나. 머리가 나쁘구나'라고 머릿속에 입력해버린다. 특히 같은 말을 되풀이해서 듣거나 더구나 가장 가까운 부모가 형제와 비교하면서 그런 말을 할 경우, 아이의 머릿속에 그 충격은 상당히 강하게 새겨지기 마련이다.

내 딸아이도 아들과 비교해서 산수를 잘 못한다는 말을 몇 번인가 들은 탓인지 스스로 머리가 나쁘다고 생각한 적이 있었단다. 그러나 내가 아이와 진지하게 이야기하고 어떤 부분을 모르는지 찾아내어 제대로 설명하자 금방 알아들었다. 딸아이도 처음에는 자신이 할 수 있다는 사실이 믿기지 않는 눈치였지만 그러는 사이에 자신도 할 수 있다는 자신감이 생겨난 것 같았다. 나는 마음속으로 딸에게 상처 주는 말을 한 사람을 원망했다.

딸아이는 산수보다 어학이나 시, 체육 등이 뛰어나다. 산수만을 가지고 머리가 나쁘다고 하는 것은 옳지 않다. 그러나 이러한 평가는 우리 주변에서 흔히 볼 수 있다. '산수를 못한다' 라고 생각하는 것은 괜찮다. 하지만 산수를 못하기 때문에 '머리가 나쁘다' 라고 단정해버리는 것은 그런 말을 하는 그 어른의 머리가 나쁘다고 밖에 할 수 없다.

인재에게 자신감은 아주 중요하다. 곤란한 상황에 처했을 때 '내게 능력이 없어서 이런 곤란한 상황에 빠지는 거야' 라든가, '내게는 능력이 없기 때문에 이런 곤란은 해결할 수 없어' 라고 생각한다면 그것으로 끝이다. 실제로 모든 일은 '나는 할 수 있어. 시간과 노력만 있으면' 라고 생각하며 여러 가지 궁리하고 시도하다보면 해결할 수 있는 것이다.

'머리가 나쁘다' 라고, 개인의 속성에 관해 무심하게 부정적인 말을 하는 것은 이 출발점을 망쳐버리기 때문에 나쁜 의미에서 아주 효과적인 필살기다.

이 필살기에도 다양함이 있다. 예를 들어 산수를 잘하는 언니와 산수가 보통인 여동생이 있다고 하자. 어떤 어머니는 그 여동생에게 이렇게 말한다.

"산수를 잘하는 아이는 계산할 때 숫자를 반듯하게 나열해서 쓰는 거야. 언니는 반듯하게 쓰잖아. 그런데 너는 항상 글을 지저

분하게 쓰니까 산수를 못하는 거야."

이 경우에도 굳이 언니를 거론하지 말고 숫자를 지저분하게 쓰면 계산이 틀리기 쉬우니까 깨끗하게 쓰도록 주의를 주는 것만으로도 충분하다. 잘 못하는 것을 보고 '항상 너는 ~하니까' 라고 말해서는 절대 안 된다. 자신감을 가질 수 있는 분야를 넓혀가기 위해서도 잘하는 것은 '항상 너는 ~하니까' 라고 칭찬하고, 잘 하지 못하는 것은 오로지 하지 못하는 부분만을 한정해서 지적하는 것이 효과적이다.

자신의 재능에 자신감을 갖도록 자라난 운이 좋은 사람이라면 어른이 되어서 상사로부터 "너, 머리 나쁘구나"라는 말을 들었을 때, 어떻게 반응할까? 이런 사람은 그 말에 상처받거나 그러지 않는다. 상사를 향해 "나는 태어나서 지금까지 머리가 나쁘다는 말을 들어본 적이 없습니다. 어디가 어떻게 나쁜지 설명해주십시오. 설명할 수 없으시다면 지금 한 말을 취소해 주십시오"라고 반박을 할 것이다. 혹은 아무렇지도 않게 무시해버릴 것이다. 어느 쪽이든지 그 사람의 건전한 자신감은 지킬 수 있다.

금기 사항 (3) "왜 이런 짓을 한 거야? 이제 어떡할래!"

실패했을 때 어떻게 대처할지는 인재에게는 소위 기본기다. 실패하거나 곤란한 사태에 처한 아이에게 "왜 이런 짓을 한 거야?

이제 어떡할래!"라고 하는 것은 실패했을 때 "큰일이야. 어떻게 하지?"하고 우왕좌왕하는 인간이 되라는 것과 같다. 실패를 해서 아이가 동요하더라도 "우선 상황을 직시하자. 그리고 어떻게 하면 좋을지 생각해보자"라고 말한 후, 먼저 각오를 다지는 듯한 동작을 아이의 몸에 배게 해야 한다.

그리고 가능하면 "힘들겠지만 재미있을 것 같다. 무엇을 할 수 있을지 생각해보자", 또는 "깜짝 놀랐네. 더욱 놀랄 일이 벌어질지도 몰라. 확실하게 관찰해 보자"라고 곤란한 상황이나 '힘든 상황'을 놀이나 게임의 '흥분'으로 바꾸어 생각하는 습성을 가르치는 것이 좋다.

아이가 어머니하고만 '힘든 상황'에 직면하면 그것이야말로 큰일이다. 어머니의 경우, 웬만큼 배짱이 두둑한 사람이 아니면 "왜 이런 짓을 한 거야? 이제 어떡할래!"라는 말을 내뱉기 쉽기 때문이다. 우리는 이런 광경을 길거리에서도 종종 본다.

금기 사항 (4) "○○만 하지 말고 공부 좀 해라"

"○○만 하지 말고 공부 좀 해라"라는 말도 주의해야할 문구다. 어쩌면 그 아이가 '○○'쪽으로 재능을 키워 가는데 중요한 계기가 될지 모르기 때문이다. '○○'에는 책이나 게임, 그 외의 놀이가 들어있다. 그런데 멍하니 무슨 생각을 하고 있거나 상상의 세계에 빠져있을 때, 어쩌면 아이에게 천재의 소양이 있을지도 모른다. 이러한 면을 평범한 부모가 무시해버린다면 너무나 안타까운 일이다. "꿈같은 이야기만 하지 말고 공부나 제대로 해라"라는 유형도 있다.

"그러다가 숙제를 하지 못하면 어떻게 하는가?"라고 묻고 싶은가? 하지만 남이 부여한 일보다 자신이 몰두하는 일을 우선시하는 것이 더욱 중요하다. 특히 학교에서 공부를 잘하는 아이는 자신이 "숙제를 꼭 해야지"라는 우등생 근성에 중독 되었을 위험성이 높다. 좁은 의미에서 만일 그러한 아이가 공부 이외의 것에 몰두하고 있다면 부모는 오히려 "숙제 같은 것은 안 해도 된다"라고 살짝 방향을 틀어주어야 한다.

숙제는 몰두한 후의 여력으로 해버리면 되지 않겠는가? 대개 심사숙고해서 숙제를 내는 선생이 몇 명이나 될까? 그것은 그저 타성에 불과하다고 생각한다.

이 부분에서는 다시 한 번 'ㅇㅇ'의 내용을 보고 이 책의 '재력가' 계발에 필요한 요소도 함께 비교해보고 생각해 볼 것을 권한다. 적어도 'ㅇㅇ'의 내용에 관심을 가지고 아이에게 물어봐 주었으면 한다. 아이가 하는 일에 부모가 흥미를 보이며 설명을 요구하면 아이는 오히려 기뻐할 것이다.

숙제에 관해서도 부모로서 한번 깊이 생각할 필요가 있다. 정말로 해야 하는 것인지 아닌지를 아이와 함께 이야기를 나누어보는 것이 좋다. 반드시 피해야할 것은 선생이 내준 숙제이니까 꼭 해야 한다거나, 학교 규칙이니까 따라야한다는 노예근성이다.

오해가 없도록 덧붙여 말하자면 나는 결코 계산력과 독서력, 일정의 암기의 필요성까지 부정하고 있는 것은 아니다. 어중간한 숙제에 휘둘려서 아이의 집중력 계발의 시간을 빼앗지 말라는 것뿐이다. 또한 숙제라는 형식의 일정시간동안 어떤 작업에 집중한다는 것도 반드시 부정하지 않는다. 어떤 기술을 습득하기 위해서는 그러한 기계적인 작업도 필요하니까 말이다.

그러나 그러한 기초적인 암기력이라면 어중간하게 하지 말고 철저하게 효율적으로 집중적인 암기를 시킬 필요가 있다. 흐지부지하게 시간을 낭비하거나 불필요한 궁리는 그만두어야 한다.

이와 관련해서 또 한 가지 지적해 두고 싶은 사항이 있다. 이것은 내 아이에게서 들은 이야기다.

내 아이의 친구 집에서는 "컴퓨터 만지면 안 돼. 아빠한테 혼난다"라며 일체 컴퓨터를 만지지 못하게 한다고 한다. 나는 "요즘 같은 시대에 설마?"하고 생각했지만 사실이었다. 그런데 그러한 집이 꽤 있는 모양이다. 그다지 경제적으로 곤란한 집도 아니다.

일반적으로 컴퓨터를 소중히 여기는 부모일수록 특정 자판 밖에 만지지 않는 경향이 있다. 그런데 아이에게 마음대로 만지게 하면 여러 가지 자판을 만지기 때문에 부모가 손을 대지 않았던 기능을 가동시켜 버리기도 한다(당연히 그 과정에서 망가뜨리기도 한다). 예를 들어 아내의 컴퓨터를 켜면 피카소도 울고 갈 그림이 뜬다. 아이의 창작활동이다.

아이의 이야기를 들어보면, 친구들에게 컴퓨터로 체스게임을 했다고 하면 그 친구들은 "컴퓨터 만지게 해주시니? 좋겠다. 우리 집은 고장 난다고 만지지도 못하게 해"라고 이야기한다고 한다. 우리 아이는 내게 이러한 교육을 받기 때문에 그런 친구들을 보면서 이해가 안 간다는 표정을 지었다.

금기 사항 (5) "그런 짓 하면 모두 비웃는다"

"그런 짓 하면 모두가 비웃어", "꼴불견이니까 그만 해", "그런 차림하면 창피해", 이러한 주의는 부모가 전형적으로 해 온 것이다. 나는 이것은 오래된 전통으로 남들이 보았을 때 '부끄럽지 않은 삶의 방식'을 나타내는 것이라고 생각해왔다.

그러나 이것은 옛날 사람들뿐만 아니라 신세대 부모들 사이에서도 상당히 뿌리 깊게 자리 잡고 있는 사고라는 사실을 알았다. 아마도 자율의 반대인 타율을 단적으로 나타낸 것이다. 자신의 기준으로 생각하고 좋은지 나쁜지를 판단하는 것이 아니라 남의 눈에 어떻게 보일까, 로 판단한다는 의미에서 타율적이다. 소위 '수치 문화'다.

그러한 부모는 아이가 "남들이 웃는 것이 왜 나쁜데?"라는 질문을 하면 어떻게 대답할까? 유감스럽게도 내 아이에게서는 그러한 질문을 받아본 적이 없다. 예를 들어 아내가 이러한 주의를 하면 나도 일단은 아내에게 동조한다.

자주 있었던 일 하나를 소개하겠다. 우리 아들은 어렸을 때 자신이 가고 싶지 않은 파티에 초대받으면(특히 그가 싫어하는 중국 요리 파티), 그곳에서 억지를 부리기 일쑤였다. 그러면 아내가 "꼴불견이니까 그만 해"하고 주의를 준다. 물론 나도 같은 생각이기 때문에 주의를 준다. 그러나 이러한 행동은 여러 가지 의미에서 문제가 있다. 아무리 부모가 가고 싶은 파티라도 아이는 가고 싶지 않을 수도 있기 때문이다.

사실 이러한 경우에는 '사교'라는 것을 가르칠 수 있는 좋은 기회다. 가르쳐 주면서 부모 자신도 정말로 필요한 모임인지를 아이에게 확실하게 설명할 책임이 있다(말하자면 설명할 책임을 뜻한다).

때로는 제대로 된 설명을 할 수 없는 일에 아이를 따르게 할 필요도 있다. 그 경우도 재력가 개발을 지향하는 부모가 솔직하게 "이건 정말로 어쩔 수 없는 거야"라고 인정한 후, 아이에게 부탁할 필요가 있다고 생각한다. 이론을 넘어선 논리다. 그 사실을 인정하지 않고 "파티니까 참석해야 돼", "다른 집 아이도 오니까 가야 돼", "즐거운 파티에 와서 맛있는 음식도 먹을 수 있는데 떼를 쓰다니 정말 나쁜 아이구나"라고 단정지어버리는 것은 너무하다.

우리 집의 경우, 모두들 자기주장이 강하다. 구미인은 자신의 아이들을 매우 자립적으로 키운다고 하지만 나 역시 아이들을 최대한 자립적으로 키우고 있다고 생각한다.

사실 자립이라고 해도 고립되는 것은 아니므로 자립 속에 타인이 어떻게 생각할까하는 점도 고려할 수 있다. 예를 들어 자신의 행동이 타인에게 어떠한 영향을 미칠지를 계산하고, 자신의 행동을 스스로 판단해서 바꾼다면 타율적인 요소도 포함한 자율이라고 말할 수 있을지도 모른다. 다만, 그 경우에 가장 중요한 점은 자신이 판단의 주체가 되어야 한다는 것이다.

금기 사항 (6) "○○와 같이 놀 약속하고 오면 안 된다"

재력가의 재능 중에서 리더십은 상당히 중요하다. 장인과 같은 재능인이 되는 경우에도 반드시 필요한 능력이다. 히말라야 오지에 숨어서 다른 세계와의 접촉을 일절 하지 않는 수행자의 길이라도 선택하지 않는 이상, 사람과 만나고, 일을 하고, 남을 위해 활동하는 일은 피할 수 없는 일이다. 특히 망(network)의 세계에서는 그곳에 들어가야만 재능을 발휘할 수 있다.

아이들은 가능한 한 많은 종류의 인간과 사귀는 방법을 몸소 체험해 둘 필요가 있다. 어느 심리학 연구에 따르면 어느 연령까지 친구 사귀는 법을 배우지 않으면 평생 친구를 만들 수 없다고 한다.

사람과의 만남은 음감(音感)교육이나 외국어와 같다. 내 자신을 되돌아보아도 유치원, 초등학교, 중학교 때 친구가 제공해 준 다양성은, 당시는 깨닫지 못했던 큰 재산이다. 나는 고등학교 때부터는 시험에 응시해서 진학했기 때문에 어떤 의미에서는 자신과 비슷한 사람들과 만날 수 있었다. 그곳에서는 중산층 계급의 동질 문화가 지배적이었다. 그래서 나는 초등학교, 중학교 때 만난 불량스러운 친구들과 위험한 일이나 나쁜 짓도 하면서 사람들을 사귀는 폭을 넓힐 수 있었던 점을 중요하게 생각한다. 물론 다 그런 친구들은 아니지만 말이다.

그러한 부분은 상상도 하지 못하고 부모의 일방적인 편견과 착각으로 아이의 교제 폭을 제한하는 것은 장래에 발휘할 수 있는 리더십에 찬물을 끼얹는 것과 같다. 어째서 "○○"와 같이 놀면 안 되는 걸까? 그 점에 관해 아이뿐만 아니라 모든 사람이 이해할 수 있도록 부모가 설명할 수 없다면 그것은 난센스다.

아이는 자신에게 없는 것을 갖고 있는 친구에게 흥미와 호의를 갖기 마련이다. 그런데 그것을 정당한 이유도 없이 부모에게 짓밟힌다면 아이의 마음속에는 어떠한 감정이 생겨날까? 그래서 나는 이런 종류의 말을 할 때는 아이들의 입장에 서서 진지하게 고려해봐야 한다고 생각한다.

금기 사항 (7) 아이에게 사과하지 않는다

일반적으로 '부모의 권위'를 소중하게 생각하는 부모는 절대로 스스로 아이에게 사과하지 않는다. 부모의 착각이나 실수인 것이 명백하게 판명되었을 때조차 입을 다물어버리거나 화제를 딴 데로 돌려버린다. 마음속으로는 부끄러워하고 있는지도 모르지만 그러한 마음이 아이에게는 전해지지 않는다. 다만 아이에게 "아빠는 절대로 사과하지 않아", "엄마는 너무해"라는 부정적인 생각을 심어줄 뿐이다.

이것은 지금 사람들에게 맹렬하게 지탄을 받고 있는 중앙정부의 모습과 같다. 실제로 그들은 "정부는 실수하지 않는다"라는 자세로 오랫동안 국민 위에 군림해왔다. 그래서 오래 전의 상황을 토대로 건설을 결정한 댐 등이 더 이상 도움이 되지 않는다는 것을 알면서도 건설을 강행한다.

이러한 부모의 모습을 보면서 자란 아이들이 또다시 그러한 정부의 모습을 지켜보면서, 과연 제대로 된 비즈니스 재력가로 성장할 수 있을까? 풍부한 발상과 행동력으로 사회를 리드할 어른이 될 수 있을까?

나는 부모와 아이는 인간으로서 대등한 입장이어야 한다고 생각한다. 그렇다면 서로의 실수를 솔직하게 인정하고 사과할 것은 곧바로 사과할 수 있어야 한다. "미안해. 아빠가 착각했어. 네 말이 옳았단다"라고 사과하는 부모를 경멸할 아이들이 어디 있겠는가?

부모들이 권위를 내세워 아이를 억압하려고 하지만 아이들은 결코 바보가 아니다. 그러한 부모의 떳떳하지 못한 행동과 속셈을 아이들은 금세 알아차리고 만다. 그러한 상황에서 "아이를 행복하게 해주고 싶다"라고 외쳐본들 정작 소중한 아이들한테서 버림받을 것이 불 보듯 뻔하다.

금기 사항 (8) 지나친 '과잉보호'

자식을 매우 사랑하는 부모라면 그럴 수도 있다고 생각하고 그냥 웃어넘길 수도 있지만 자식 사랑이 지나친 '과잉보호'는 자식 교육은커녕 진정한 부모 자식이라고 보기도 힘들다. 앞에서 이야기한 '사과하지 않는 부모'와는 반대의 경우지만 본질적으로는 같다고 할 수 있다.

자식이 사랑스럽다는 생각만 있을 뿐 근본적으로 아이와 진지하게 이야기할 마음은 없기 때문에 그저 귀여워할 뿐이다. 그러한 부모는 대개 자신은 물론 남들에게도 관대하다. 아이가 원하는 것은 무엇이든지 들어주지만 결코 주의를 주거나 야단치는 일은 없다. 이렇게 해서는 아이와의 대화도 교류도 있을 수 없다.

아이들도 어릴 때는 원하는 것을 쉽게 얻을 수 있어서 기뻐할지도 모르지만 차츰 성장하면서 자신의 부모를 불안하게 생각할 것이다. 아이와 마주 앉아서 진지한 대화를 통해 아이의 특성을 찾아내고, 그 능력을 키워나갈 수 있는 방향으로 지원해줄 수 없는 부모는 결국 자신의 인생마저 허비하고 있는 것이나 마찬가지다.

금기 사항 (9) 아이와 진지한 대화를 나누지 않는다

앞에서 말한 내용과 비슷한데, 소위 '방임하는 아빠'가 여기에 해당된다. "일이 바빠서", "피곤해서"라는 이유로 아이와 진지한 대화를 나누려고 하지 않기 때문에 아이에 관한 대부분의 일을 '적당하게' 처리하고 만다. 아이의 이야기를 진지하게 들어주지 않으므로 자기 아이가 지금 무엇에 흥미를 갖고 있고, 무엇을 고민하는지 전혀 알지 못한다. 그저 표면적으로만 부모의 모습을 연기하기 때문에 어떤 일이 발생하고 난 후에야 당황해서 어쩔 줄을 몰라 한다. 대개 이런 부모는 "우리 아이가 절대 그럴 리 없어", "설마 우리 아이가"라는 말을 한다.

요컨대 자신의 아이를 대등한 존재로서 대하는 것이 중요하다는 이야기다. 아이는 민감해서 부모가 진심으로 자기에게 관심을 갖고 대등하게 대해주지 않으면 금방 소외감을 느낀다. 솔직하게 말하면 이것은 비즈니스 재력가 운운하기 이전의 문제라고 생각한다.

금기 사항 (10) 지난 일까지 들먹이며 야단친다

부모자식지간에 누구나 경험한 것 중의 하나가 바로 지난 일까지 들먹이며 야단칠 때다. 그것도 지금까지 보아 온 금기사항 중의 하나와 같이 등장할 때가 많기 때문에 아이들이 가장 싫어하는 '부모의 습성'이다.

"바쁘다", "시간이 없다"라는 이유로 어른은 여러 가지 일을 한꺼번에 처리하고 싶어 한다. 그 결과, 아이에게 무언가 잔소리를 할 때는 "그때도 그랬잖아"라는 말을 한다.

또한 부모의 권위를 내세워 결코 자신의 잘못을 사과하지 않는 부모의 경우는, 자신이 궁지에 몰려서 사과할 수밖에 없는 상황에 처하게 되면 바로 필살기를 휘두른다. "그렇게 말하지만 너도 지난번에 숙제를 다 했다고 거짓말을 했잖아"라고 말이다.

여기서 문제는 아이를 무시하고 억압하려는 태도다. 그것만으로도 중죄에 해당하는데 아이들에게 "거짓말쟁이"라고 지적받을 만한 행동을 당당하게 해버리다니, 따라서 이 기술에는 이중의 단점이 있는 셈이다.

왠지 화나는 일이 있어서 아이에게 화를 내고 싶을 때는 우선 부모가 자신의 가슴에 손을 얹고 그 감정이 어디에서 오는 것인지를 분석해야 한다. 그리고 그것이 아이와 무관한 것이라면 결코 화를 내서는 안 된다. 오히려 "미안하다. 아빠는 지금 일 때문에 기분이 좀 안 좋단다"하고 솔직하게 털어놓는 것은 어떨까? 만일 그렇게 하면 오히려 아이에게 위로를 받을지도 모른다.

'아이들을 망치는 '열 가지의 금기 사항'

✕ "부모가 하는 말을 잘 들어라"

✕ "머리가 나쁜 건 누굴 닮았는지 몰라"

✕ "왜 이런 짓을 한 거야? 이젠 돌이킬 수 없어"

✕ "○○만 하지 말고 공부 좀 해라"

✕ "그런 짓 하면 모두가 비웃는다"

✕ "○○와 같이 놀 약속하고 오면 안 된다"

✕ 아이에게 사과하지 않는다

✕ 지나친 '과잉보호'

✕ 아이와 진지한 대화를 나누지 않는다

✕ 다른 건으로 야단친다

제3장

「재력가」로 키우는 일곱 가지 재능 +2

먼저 부모가 생각을 바꾸면 아이는 눈에 띠게 달라진다

■ 미래 예측보다도 훨씬 중요한 것

"장래에 돈을 잘 벌 수 있는 곳이 바로 이 업계다. 이 업계에서 프로가 되려면 이러한 지식이나 전문성을 반드시 익혀두어야 해"라는 말을, 아이를 '재력가'로 키우는 비결이라고 생각한다면 그것은 큰 착각이다. 예를 들어 "글로벌화는 곧 영어화니까 영어를 배우면 돈을 번다"라든가, "지금부터는 바이오, IT(정보기술 information technology 정보화 시스템 구축에 필요한 유형·무형의 모든 기술과 수단을 아우르는 정보통신 용어), 나노기술(nano-technology 나노 테크놀로지는 1nm 수준의 가공정밀도를 요구하는 기술), 환경의 시대니까 그에 필요한 분야로 나아가는 것이 좋다"라는 말도 거짓이다.

나는 "지금부터는 프로화가 진행되니까 모든 프로에게 공통된 필요사항을 배워두어야만 한다"라는 대응도, "지금부터는 이과 계(理科系) 시대니까", "일반적인 폭넓은 교양의 시대니까", "그러한 분류 자체가 무의미해진다"라는 필수과목의 선택을 하지 않는다.

또한 "교육개혁이 이루어지니까 그것에 맞추어서 이러한 방법을 쓰는 편이 좋다"라든가, "교육개혁은 이루어지지 않으니까 이 나라를 탈출해서 다른 나라로 이민가는 편이 좋다"라는 예측도 하지 않는다.

"미국의 어떤 대학의 어떤 선생의 어떤 과목이 앞으로 전망이 있다", "유럽의 어떤 분야의 어떤 기업이 좋으니까 그곳에 들어

가는 것이 좋다", "영국의 공립학교가 낫다", "싱가포르가 아시아입장에서 세계전망을 할 수 있으니까 괜찮다", "앞으로는 중국의 시대가 열리니까 중국어를 공부하는 편이 좋다"라는 말도 하지 않는다.

이러한 예상은 맞을 수도 있고 빗나갈 수도 있다. 나도 현 단계에 대해서 어느 정도의 예상을 하고 내 아이들에게 이야기를 하고 있지만 그다지 큰 의미는 없다.

빗나갈 것이 거의 확실하기 때문이다. 지금까지 여러 가지 예상을 해보았지만 '과연' 하고 관심을 가질만한 예상은 반드시 빗나갔다.

그런 것보다도 좀더 기본적인 면, 최소한 이것만큼은 해두는 편이 좋다는 것, 그런 것에 집중하고 싶다.

특히 현재의 학교나 가정에서 배울 수 없는 부분이나, 보통 그대로 방치해두면 안 되지만 부모가 약간만 관심을 기울이거나 중학생 이상의 아이가 조금만 주의하면 얼마든지 바꿀 수 있는 부분 등에 중점을 두는 것이 좋다.

나는 이것을 나름대로 정리해서 '일곱 가지의 재능' 이라고 이름 붙였다. 어디까지나 부모가 자기 아이의 재능을 발견하고 키워간다는 목적이 있기 때문에 실천해야 할 사항을 우선적으로 정리했다. 실제로 아이와 생활하면서 자연스럽게 사용할 수 있다고 생각한다.

우선 부모가 이 '일곱 가지 재능' 을 읽고 이해하는 것이 중요하다. 그리고 특히 아버지는 자신의 경험이나 또는 구체적인 이야기를 섞어서 아이에게 이야기 해 주면 더욱 좋겠다.

■ 아이에게 '일곱 가지의 재능' 을 익히게 하려면?

우선 아이에게 이 '일곱 가지의 재능' 을 어떻게 익히게 할 것인가를 생각해보자. 아이의 '재능계발' 의 열쇠가 되는 아홉 가지 조건을 정리해 보았다.

아홉 가지 조건의 구성을 살펴보면 처음 일곱 가지는 각각 '일곱 가지의 재능' 에 대응하고 있다. 따라서 처음의 일곱 가지 조건을 익히면 '행복한 재력가' 가 될 수 있다. 이 '일곱 가지의 재능' 은 행복한 재력가가 생각하거나 행동하는 과정의 순서와 같다. 자연스럽게 아이에게 설명해주어야만 같이 호흡할 수 있다.

또한 한 가지씩 따로 떼어내어서 생각해도 의미를 가질 수 있도록 궁리했다. 이 일곱 가지의 재능은 서로 관련되어 있기 때문에 어느 쪽에서 공격해도 다른 쪽에 영향을 미친다. 사람에 따라서는 순서대로 하기보다 따로 따로 하는 편이 좋을 지도 모르기 때문에 그 점도 배려를 했다.

나머지 두 가지의 조건은 '일곱 가지의 재능' 을 익힌 후에 그 기반이나 보조가 되는 것이다.

제1조에서 제9조까지는 다음과 같은 구성으로 되어 있다. 예를

들어 제1조 '꿈과 목표의 구상력'에서 '꿈과 목표의 구상력은 무엇인가?'에 관해 정의와 구체적인 예를 든다. 구체적인 예로는 비즈니스 현장에서의 실제 있었던 예, 아이도 쉽게 이해할 수 있는 예, 그리고 자신이나 아이의 예 등을 들었다. 다음으로 '그것이 왜 필요한가?'에 대해 설명한다. '계발'이라고 하면 노하우라고 생각하기 쉬운데, 새로운 일을 하면서 왜 그것이 필요한지를 설명할 필요가 있다. 우선 새로운 아이디어를 마케팅하고 그에 따른 효과를 아이에게 설명해준다. 그 후에 '노하우'에 대해 설명해준다.

각 장을 읽은 후에 다시 한 번 그 사례를 살펴보면 더 확실한 이미지가 떠오를 것이다. 사례를 깊이 살펴보려면 역시 시나리오나 해설이 필요하다. 비즈니스 세계에 몸을 담고 있는 부모의 경우는, 이 해설을 이해하고 실제의 비즈니스의 현장, 특히 재력가의 행동과 사고를 관찰해보면 지금까지 보이지 않았던 것이 보일 것이다.

말하자면 고전 명작을 읽을 때 자신의 경험의 깊이에 따라 그 감동이 크게 와 닿는 것과 같은 이치다.

또한 아버지가 비즈니스의 예를 자세하게 이야기 해 주면 아이는 쉽게 이해한다. "아이에게 이런 이야기해봤자 필요 없어"라고 스스로 단정 짓지 말고 가능한 한 자신의 경험을 이야기해주는 것이 무척 중요하다.

내가 제대로 이야기하지 못하는 비즈니스의 예는 아이도 제대로 이해하지 못하는데, 주로 이런 경우는 그 비즈니스에 관한 나의 이해가 아직 부족하기 때문이라는 것을 깨닫는다. 결국 아이에게 이야기해 주면서 아이와 함께 나도 공부하게 되는 것이다.

제1의 재능 '꿈과 목표의 구상력'

아이들에게 '꿈과 목표'를 심어준다

■ 성공한 자는 반드시 '꿈'이 있다

우선 제1의 재능은, '꿈은 크게 가져라'다. 꿈이라고 하면 '소년이여 야망을 가져라'라는 말을 떠올리는 사람도 있을 것이다. 동시에 '그런 일은 기업 안에서는 있을 수 없지. 비즈니스 세계의 '재력가' 이야기를 하는데 너무 비현실적인 거 아니야?'라고 생각하는 사람도 있을 것이다.

그러나 실제로 내가 비즈니스 세계에 있는 여러 사람들과 인터뷰해보면 능력 있는 사람, 돈 버는 사람, 창업한 사람, 창조적인 사람은 모두 꿈을 갖고 있었다. 더구나 내가 그 이야기를 들었을 때 나로 하여금 "그렇게 훌륭한 일을 한다면 꼭 협력하고 싶다"라는 생각까지 들게 했다.

꿈이 중요하다는 것은 결코 우리나라에만 해당되는 이야기가 아니다. 미국에서도 사원을 채용할 때 그 사람이 어떤 꿈을 갖고 있는지는 무척 중요한 조건이 된다. 특히 최고 경영자를 채용할 때는 반드시 꿈이 있어야 한다.

그러나 재력가는 단순히 꿈만 갖고 있는 것이 아니라 그것을 마치 눈앞에 보이게 이야기한다. 아직 실현되지 않은 꿈인데도 "그것은 이런 거야"라고 상당히 구체적으로 이야기 할 수 있다. 꿈이 실현되었을 때의 결과의 이미지를 생생하게 느낄 수 있을 정도로 말이다.

예를 들어 거물급 벤처캐피탈리스트로 잘 알려져 있는 존 도어 (John Doerr 미국 벤처캐피털업계의 캡틴, 실리콘밸리의 빌 게이츠로 불리는 벤처투자가)는, 스스로 '새로운 경제의 전도사'로서 기술 세계의 이야기는 물론, 새로운 경제에 관한 철학, 정치, 가족, 인간관계에 대해 이야기한다. 그러면서 학생들에게 "그러니까 자네들도 전도사가 되기를 바라네"라고 한다.

재력가는 최종목표인 산 정상의 이미지뿐만 아니라 오르는 과정의 고비에 관해서도 상당히 명확한 이미지를 갖고 있다. 특히 다음 항목과도 관계가 있는 '당면한 목표(작은 목표)'에 관한 상당히 확실한 이미지가 있다.

아이의 제1의 재능을 알아보기 쉬운 부분은 "장래에 나는 ~이 될 거야"라는 꿈이다. 어떤 아이라도 꿈은 있다. 그리고 그 꿈은 아이의 현재 행동에도 나타난다. "나는 신부가 될 거야"라고 말한 아이는 그 흉내를 내기 시작한다. "소방사가 될 거야" 하는 아이는 "소방차 보러 가자"라고 조르기도 한다. "게임 소프트를 만들 거야" 하는 아이는 게임을 시작한다.

'그것은 당연한 이야기야'라고 생각할지도 모르지만 실제로 보통 어른들은 이러한 행동을 할 수 없다. 무엇보다도 "나는 ~이

76

되고 싶다"라는 말 자체를 지금에 와서는 차마 하지 못한다. 그리고 설령 그 말을 할 수 있다고 해도 지금의 행동에는 반영되지 않는다. 이미 행동을 바꿀 수 있는 능력을 상실해 버린 것이다.

사실은 '지금 행동을 바꾼다'라는 점에 꿈의 본질적인 기능이 있다. 단순히 공상만 하는 것이 아니라 그 사람에게는 그것이 보이는 것이다. 그 정도로 생생하게 미래를 그리는 것이 지금 말하고 있는 꿈을 그리는 재능이다.

내 아이에게 "꿈을 크게 가져라"라고 이야기했을 때, 당시 아홉 살이었던 딸은 자신이 입고 있던 티셔츠를 가리키며 "아빠가 하고 싶은 이야기는 이 셔츠에 쓰여 있는 '비 슈어 해브 어 드림 (Be sure have a dream)' 이죠?", 그리고 "그 말은 '아이 해브 어 드림(I have a dream)' 을 뜻하는 거죠?"라고 말했다. 때마침 미국에서는 마틴 루터 킹 목사(Martin Luther King Jr.(1929-1968) 흑인 인권 운동 지도자. 흑인 인권 옹호를 위한 비폭력운동 전개. 64년 노벨 평화상 수상. (68년 멤피스에서 암살당함)를 추모하는 시기여서 학교에서 킹 목사의 유명한 연설을 배우고 있었기 때문에 아이는 쉽게 이해할 수 있었다. 킹 목사의 약간 비브라토의 인상적인 연설을 기억하고 있는 사람들도 있을 것이다.

또 내가 실리콘밸리에서 알게 된 케빈은 이전에 인터넷 기업을 대표하는 시스코 시스템즈(Cisco Systems, Inc. 미국의 네트워크 통신 회사, 네트워크 필수장비인 '라우터' 의 개발로 전 세계 네트워크를 점령한 '인터넷 황제' 로 불린다)에서 M&A(mergers and acquisitions 경영환경의 변화에 대응하기 위하여 기업의 업무 재구축의 유효한 수단으로 행하여지는 기업의 매수·합병)의 부문을 담당하다가 지금은 컨설턴트를 하고 있다. 그는 처음 나와 만났을 때 갑자기 "저는 산림경비대가 되고 싶어서 대학에서도 산림학을 전공했는데 실제로 헬리콥터를 타고 산림 소화활동도 했어요"라는 말을 했다. 그 후 그는 비즈니스가 재미있어서 MBA(Master of Business Administration 경영학 석사과정)와 컴퓨터 공학을 공부했는데 지금도 그에게는 산림경비대의 모습이 남아있다. 실리콘밸리에는 이렇듯 좋은 의미의 '순수함'을 가진 사람이 많이 있다.

'결과적인 이미지'를 그린다

'꿈'의 한 종류로 목표를 그리는 방법이 있다(결과 이미지 또는 결말 이미지라고도 한다). 목표의 이미지를 미리 그려두는 것도 여기서 말하는 계발 항목이다.

'꿈'과 '결과 이미지'의 예를 들어보자.

내 아이에게 이것에 대해 설명하자 당시 열한 살이던 아들이 "그 말은 해리포터 이야기랑 비슷한데요"라고 했다. "해리포터와 마법사의 돌"의 마지막 부분에 번역가인 마쓰오카 유코(松岡 祐子)가 다음과 같은 말을 썼다.

'영국의 작가 조앤 K. 롤링(Joan K. Rowling)의 작품의 매력은 장대한 스케일의 구상 속에 펼쳐진 섬세한 묘사다. 롤링은 스물다섯 살 때, 늦게 오는 열차를 기다리고 있다가 문득 해리의 이미지가 떠올랐다고 한다. 그때부터 그 이미지에 살을 붙이기 위해 문헌을 조사하고 카드로 정리하여 집필을 시작하기까지 5년을 투자했다고 한다. 1997년 해리포터 시리즈 1권이 영국에서 출판되었지만 사실 처음에 완성한 작품은 7권인 마지막 장이었다. 전 7권이 완성될 때까지 마지막 장은 비밀 금고에 숨겨놓았다고 한다.'

역사에 남을 베스트셀러가 비즈니스의 견지에서 보아도 이해가 가는 과정으로 완성되었다는 사실을 알 수 있다. '일곱 가지의 재능'의 몇 가지가 이 작품에도 발휘되어 있는데 특히 전체 이미지, 그것도 마지막 이미지를 이미 정해놓고 그때부터 내용을 구성해가는 부분은 매우 시사적이다. 더구나 "아동도서를 썼다는 의식은 없다. 내가 즐길 수 있는 책을 썼을 뿐이다"라는 구절을 보면 나중에 설명할 '놀이'를 연상시킨다.

또한 "1권을 쓸 때는 생활보호를 받는 이혼녀였기 때문에 에딘버러의 커피숍에서 커피 한잔 마실 돈 밖에 없었다. 그래서 어린 아이가 잠들어 있는 동안에 글을 썼다"라는 것을 보면, 저자가 재능이외의 아무것도 갖고 있지 않은 인간 자본으로 승부했다는 사실은 단적으로 알 수 있다.

꿈, 결과 이미지와 비교해서 금방 실현할 수 있는 목표의 설정도 중요하다. 말하자면 '눈앞의 목표(작은 목표)' 설정이다. 기업에서 흔히 하는 목표설정도 여기에 해당된다. 좀더 가까운 예는 주위에 얼마든지 있다. 예를 들어 쇼핑하러 갈 때 대강 하는 것이 아니라 무엇을 사고 올 것인가? 숙제를 할 때 언제까지 할 것인가? 어디에서 손을 뗄 것인가? 이곳은 완벽하게 할 것인가? 등을 설정하는 것이다. 이 점에 대해서는 나중에 다시 한번 자세하게 설명하고자 한다.

■ 꿈을 낮게 잡으면 재능이 자라날 가능성도 낮아진다

꿈이나 목표는 왜 필요할까? 꿈이나 목표는 천장과 같다. 일단 꿈을 낮게 설정하면 재능이 자라날 가능성도 낮아진다. 아무것도 설정하지 않을 경우는 최악이다. 그래서 꿈은 크게 꾸는 것이 가장 중요한 재능이다.

아이는 어른(특히 부모)이 이상한 '현실관'이나 '편견'으로 구속하지 않는 한 원대한 꿈을 꿀 수 있다. 종종 우리들은 근거 없는 상식으로 꿈을 속박하고 점차 제약의 굴레에 갇히고 마는데, 나는 이것을 '백미러 속의 자유'라고 부른다.

사람은 자신의 과거를 백미러로 보면, 뒤로 돌아갈수록 '자유였다'라는 사실을 깨닫게 된다. 그 시점에서는 '상당히 제약받고 있다'라고 느끼고 어떤 선택을 하지만 나중에 되돌아보면 그때는 지금보다 훨씬 자유로웠고 다른 기회도 얼마든지 있었다는 것을 알 수 있다. 다시 말하면 사회 상식에 점차 자신의 꿈을 침해받아왔다는 사실을 깨닫게 된다.

내 경우에는 이십대 후반에 외무성(外務省)을 그만두고 초(超)개인 심리학(초감각적 지각을 중시하는 정신 요법의 하나. Transpersonal Psychology)을 공부하고 싶어서 여러 가지를 준비했지만 상식적인 어른의 판단으로 포기하고 말았다. "국비유학으로 다녀왔는데 나라를 위해 좀더 일해야지", "사회인이 된지 5년이 넘었는데 이제 와서 다시 공부하는 것은 무리야", "일이 이렇게 많은데 두고 갈 수는 없지", "외교관이라는 명예를 버리면 부모님이 슬퍼하시겠지?", "아직 결혼도 하지 않았는데"라는 갖가지 핑계로 자신에게 브레이크를 걸어버렸다.

그 후 30대 초반에 결혼하고 나서 그때를 돌아보고 '사실은 그때 내게는 아무런 제약이 없었다'라는 사실을 깨달았다. 아이가 태어나고 나서는 이번에는 신혼 당시에 아직 아이가 없던 때를 돌아보며 그 무렵이 제약이 적었다는 것을 알았고, 둘째 아이가 태어나자, 첫째만 있을 때가 자유였다는 사실을 알았다. 아내의 명예를 위해 한 마디 덧붙이면, 아내는 결코 내 의견에 반대한 적이 없었다. 실제로 첫째가 태어난 지 얼마 안 되어서 나는 외무성을 그만두고 이름 없는 컨설팅 회사에 입사했다.

훗날 부모님을 모시고 살게 되면 역시 지금이 아직 자유롭다는 사실을 깨닫게 될 것이다. 자신의 몸이 불편해지면 그 후에도……

이 '제약의 역설'을 깨닫고 나서는 하고 싶을 때 하는 것이 가장 중요하다는 것을 실감했다. 그러므로 젊은 분이나 나이 드신

분과 상담을 하다보면 항상 이 이야기를 하게 된다. 지난번에도 대기업의 기업유학으로 스탠포드 비즈니스학교에 다니는 분으로부터 "기업으로 돌아가지 않고 이곳에서 취직하려고 한다"라는 말을 듣고 이 이야기를 했다.

이와 마찬가지로 아이도 방치하면 사회나 학교의 상식 속에서 급속하게 꿈의 구상력을 퇴화시켜 간다. 지금 그들에게는 꿈이 필요 없기 때문이다. 내 자신을 돌아보아도 초등학교 때부터 꿈은 급속하게 사라져 갔다. 실제로 꿈을 꾸는 훈련을 하고 자신의 꿈을 키울 시간을 정기적으로 가진 사람은 극히 적다.

적어도 학교 시간, 특히 초등학교의 고학년이 되면 그러한 시간은 없다. 물론 집에서는 자연스럽게 꿈을 그릴 수 있겠지만 지금 시대, 그렇게 한가한 아이는 없다. 그러므로 매일 할 필요는 없지만 한 달에 한 번, 한 학기에 한 번, 또는 일 년에 한 번이라도 꿈을 그리는 연습을 시키는 것이 중요하다. 칠석(七夕 일본에서는 7월 7일에 정원에 대나무를 세우고 오색 종이에 소원 등을 적어 가지에 매단다) 때 종이에 꿈을 적어 매다는 일은 정말 멋있는 일이지 않는가!

■ '꿈과 목표'를 세우는 방법

그러면 아이로 하여금 큰 꿈을 갖게 하거나 혹은 아이가 스스로 꿈을 갖게 하려면 어떻게 해야 좋을까? 부모로서 무엇을 할 수 있을지 생각해 보자.

❶ 꿈의 명확화를 돕는다

아이가 "장래 ~가 되고 싶다"라고 말하면 자세하게 물어보고 꿈의 이미지를 풍부하게 만드는 것을 돕는다. 예를 들어 "체스 선수가 되고 싶다"라고 하면 "어떤 곳에서 시합을 하니?", "누구와 하니?"라고 물어본다. 내가 돈에 굉장히 관심이 많은 우리 아이에게 "그것으로 돈을 벌 수 있겠니?"라고 물어보듯이 말이다.

그러나 이 단계에서는 그렇게 하려면 어떻게 해야 하는지 그 수단에 해당되는 질문을 해서는 안 된다. 또한 '답'도 내려서는 안 된다. 그냥 질문하자. 그런데 특히 자기 아이에게 그렇게 하는 것은 상당히 어려운 일이다. 나도 이 부분을 경험하고 있을 때 딸에게 몇 번이나 "아빠, 답을 내리면 안 되잖아요. 힌트만 말해주세요. 내가 생각할 테니까요"라는 주의를 받았다. 당신의 꿈을 아이에게 무리하게 요구하지 마라. 모처럼 시도한 기회가 사라질 수도 있다.

나도 사실은 잘난 척 할 처지는 아니다. 내 아이는 "지금은 컸으니까 장래에 무엇을 할지 생각하는 중"이라고 한다. 나는 좀 실망했지만 꿈을 갖도록 강요하는 것은 난센스라는 것을 깨닫고 즉시 멈추었다.

또한 나는 예전에 내가 '외교관이 되고 싶다'라고 생각했던 것이 결국 '야구선수가 되고 싶다'는 동경과 차이가 없다는 생각이 든다(당시는 외교관은 동경하는 직업이었다). 다시 말해서 이런 식의 단순한 명예적인 동경이라면, '꿈'의 내용은 불확실해진다. 그러면 일을 계속할 수 있는 에너지도 얻을 수 없다. 현실을 보자마자 금방 환멸을 느끼고 말기 때문이다. 단순히 명예 지향이 아니라 자신이 "이 일을 이러한 이유로 하고 싶다"라는 꿈이 명확할 때 비로소 힘의 원천이 된다.

'꿈'의 이미지를 만들어갈 때 유명인의 전기는 좋은 자료가 된다. 이와나미(岩波. 일본의 유명출판사)소년문고 시리즈는 어른이 보아도 괜찮다. 또한 부모처럼 가까운 사람이 어떤 꿈을 갖고 있어서 그 이야기를 해줄 수 있다면 가장 바람직하다고 할 수 있다.

❷ 쇼핑과 일

나는 목표를 세우는 방법을 쇼핑으로 연습했다. 나는 원래 관료였기 때문에 위에서 내려오는 과제나, 사건이 생겼을 때 그에 대처하는 일에 너무 익숙해져버려서 컨설턴트가 되기 전까지 "결국 뭘 하고 싶은가?"라는 생각은 하지 않고 살아왔다. 그런데 역시 훈련이 필요하다는 생각을 하고 행동으로 실천해 본 것이 부끄러운 이야기지만 쇼핑이었다.

그것도 "오늘은 무엇을 사서 올까?"라는 단순한 것이었다. 쇼핑하러 가서 생각하는 것이 아니라 미리 생각해 두는 것뿐이었다.

다음으로 해본 것은 일할 때였는데, "오늘 고객 미팅에서 어떤 결과를 내리면 좋을까?"하고 생각하는 훈련을 자주 했다.

❸ 목표 설정 연습

전에 기업연수에서 목표설정 연습을 했을 때, 결과 이미지라는 것은 의외로 그리기 힘들다는 것을 실감했다. 기업연수에서는 사람들 대부분이 '수단'과 '결과 이미지'를 착각한다. '결과 이미지'를 그리라고 해도 '수단'만 그린다.

보통, 기업에 근무하고 있으면 상사가 과제를 주기 마련이다. 그리고 부하는 과제를 풀려고 최선의 노력을 다한다. 그러나 과제가 주어진 시점에서 '결과로 무엇을 제출하면 좋을까?' 하는 성과 이미지를 명확하게 그리는 사람은 많지 않다. 이처럼 샐러리맨 중에는 주어진 일만 실행하는 단순 노동자가 꽤 많다.

사실은 나도 인재문제에 관해서는 나의 스승이라고도 할 수 있는 와이엇의 가와카미(川上) 씨가 만든 '야구 상자'를 눈앞에서 보고 나서야 비로소 수단과 결과 이미지의 차이를 알 수 있었다. 이것은 작은 일이지만 눈앞에서 뿌연 안개가 걷히는 느낌이었다.

'야구 상자'는 이러한 것이다. 목표설정 방법을 가르치는 연수에서, 예제로 프로야구 감독의 역할을 생각하게 한다. 예를 들어 '리그에서 우승한다', '인기를 높인다', '팀을 강화시킨다' 등의 의견을 내놓았다고 하자. 다음에는 각자의 역할에 관해 "그것을 좀더 다듬어서 목표로 하라"라고 한다.

그때, "역할을 완수하는 수단이 아니라 역할을 완수한 결과를 숫자로 나타내는 것을 목표로 하라"라고 부연설명을 한다. 예를 들어 '인기를 높인다' 라는 역할이라면 목표는 "시합을 한 번 할 때마다 관객 동원 수를 만 명 이상으로 한다"가 된다. 만일 '팀을 강화한다' 라는 목표가 공격력이 약한 팀에 대한 목표라면 "팀 타율을 2할 3푼 이상으로 한다"가 된다.

이 정도는 대부분의 사람들이 할 수 있다. 하지만 가장 어려운 것은 '리그 우승을 한다' 라는 역할의 목표화다. 대부분은 '코치를 강화한다', '새로운 전략을 세운다', '연습 방법에 대리그 방식을 도입한다' 라고 할 것이다. 요컨대 어떻게 된 일인지 결과가 아닌 수단을 말한다. 정답은 '승률을 1위로 한다' 가 맞다. 리그 우승을 한다는 것은 바로 '승률 1위' 를 의미하므로 역할이 그대로 결과 이미지의 목표가 된다. 대부분 자신은 이런 착각을 하지 않을 것이라는 생각을 하는 사람들이 많은데, 사실 많은 사람들이 이런 실수를 한다.

재미있게도 목표설정 작업은 어른보다도 아이 쪽이 빠르다. 그들은 몇 번 해보는 동안에 비결을 알아낸다. 그러다가 "오빠가 말하는 것은 결과 이미지가 아니라 수단이야", "아니야, 그렇지 않아"하고 언쟁이 시작된다. 이렇게 되면 성공한 것이다.

❹ 꿈의 전환으로의 조언

아이의 꿈은 자꾸 바뀐다. 내 딸도 어렸을 때는 발레리나, 그 다음은 배우, 그러고 나서 모델, 배드민턴 선수, 피겨 스케이팅 선수, 요즘은 무언가를 만드는 예술가가 되고 싶어 한다. 이처럼 스스로 생각해서 꿈을 결정한 것이라면 바뀌어도 전혀 상관없다. 단, 스스로 바꿀 때 해당되는 말이다.

만일 연구자가 되고 싶은 아이가 있는데, 엄마가 "너는 공부를 못하니까 무리야"라고 말했다고 하자. "그런가? 그럼 공부를 못해도 할 수 있는 꿈으로 바꾸어야지"라고 생각하게 하면 실패다. 만일 부모로서 그 꿈이 너무나 실현 곤란하다고 생각했다면, "그래? 그런데 이런 것도 좋지 않을까?" 하고 조언해주는 것이 좋다. 아이의 꿈에 찬물을 끼얹는 것은 부모의 월권행위가 아닐까?

❺ 목표의 지점을 연결한다

꿈 이야기와, 몇 시간 만에 결과가 나오는 목표 이야기를 하면 자연스럽게 "그 두 가지를 이어주면 되지 않을까?" 하는 연상이 바로 나온다. 실제로도 변화가 심한 시대에 계획을 면밀하게 세우는 것보다 오히려 몇 개의 목표 이미지를 그리고, 그것을 지침으로 하는 편이 더욱 실천적이다.

그러려면 작은 목표 설정이 열쇠가 된다. 설정을 작게도 해보고, 크게도 시도해 본다. 아침에 일어났을 때, '오늘은 어디까지 하겠다' 라고 목표를 정하는 방법도 있다.

제2의 재능 '현 상황 파악력'

'현실을 직시하는 능력'을 기른다

■ 가장 중요한 비즈니스 규칙 '현실을 직시하는 능력'

재력가의 두 번째 특징은 현 상황을 냉철하게 파악하는 것이다.

유능한 샐러리맨들과 인터뷰하다보면 모두 현실을 직시하는 분석력을 지니고 있다. 제1의 재능이 목표하고 있는 산 정상의 모습을 확실하게 그리는 것이라면, 제2의 재능은 산을 오르는 현 상황을 객관적으로 파악하는 것이다.

재력가들은 낭만적인 요소뿐만 아니라 쿨하게 현실을 바라볼 수 있는 시야를 갖고 있다. 자신의 비즈니스, 자신의 팀의 장점은 무엇이며, 약점은 무엇인가를 마치 타인의 일처럼 냉정하게 보고 판단한다. 주주, 고객, 경쟁상대의 입장에 서서 자신의 장점과 약점을 철저하게 분석해서 파악한다.

현실을 직시하는 방법은 사람에 따라 제각각이다. 예를 들어 철저하게 수치 분석을 잘하는 사람은 모든 것을 숫자로 풀이한다.

직감이 뛰어난 사람은 신경 쓰이는 부분을 집중적으로 조사한다. 혹은 자신은 꼼꼼하지 못하다는 생각에 체크할 부분을 신뢰할 수 있는 사람에게 맡기는 경우도 있다.

주의할 점은 꿈과 현실을 혼동해서는 안 된다는 것이다. 양쪽 균형이 깨지지 않도록 확실하게 서있어야 한다.

20세기가 낳은 최고 경영자라고 불리는 제너럴일렉트릭 (General Electric Company. 미국의 전기기기 제조회사)의 전 CEO인 잭 웰치(Welch, Jack, 1981년 최연소로 GE 회장이 되었다. '경영의 달인', '세기의 경영인' 등 많은 별칭으로 불리며, 2001년 영국의 〈파이낸셜 타임스〉가 선정한 '세계에서 가장 존경받는 경영인'에 선정되었고, GE 역시 2000년에 이어 '세계에서 가장 존경받는 기업'으로 선정되었다)는, 이 현실직시(Face Reality)를 가장 중요한 비즈니스의 규칙이라고 했다 그는 뛰어난 현실직시의 능력에 의해 보통 사람이 알아차리지 못하는 부분의 위기를 발견하고 재빨리 대처해 나갔다.

현실을 직시하고 있는 사람의 행동은 자연히 빨라진다. 머리로 생각하는 것이 아니라 밀어닥친 위기가 보이므로 대처 방법에 스피드와 박력도 있다. 웰치에게는 보이는 현실자체도 비전이었다. 비전과 현실직시가 연결되는 지점에서 그의 천재적인 재능을 엿볼 수 있다.

현실을 직시한다는 것은 간단할 것 같지만 스스로 해보면 상당히 어렵다. 이것을 아이에게 시키기 위해서는 우선 현실을 몇 개로 나누어 생각한다.

하나는, '자신'이라는 현실이다. 특히 자신의 약점을 확실히 자각하고, 또한 반대로 강한 세계를 알아두어야 한다. 그리고 자신의 실패를 확실하게 인정해야 한다. 이러한 '자신'은 '자신의 팀'이나 '그룹'으로 바꿀 수 있다.

'현실'의 또 하나의 측면은 지금 자신을 에워싸고 있는 '상황'이다. 실제로 일을 진행하면서 현실을 직시해야 한다. 어느 부분이 부족하고, 어느 부분에 문제가 생길지를 꼼꼼하게 확인해 나간다. 혹은 어디에 가능성이 있고 기회가 있는지도 파악한다.

그 다음에 '직시한다'라는 것에 대해 분석해 본다. 직시하는 방법은 크게 세 가지로 나눈다. 하나는 가능한 한 트집을 잡는 직시다(부정적인 직시). 또 하나는 가능한 한 장점을 찾아내는 직시다(긍정적인 지시). 세 번째는 '중립적인 직시'로, 예를 들어 숫자부분을 분석적으로 처리하는 직시다.

■ 인류가 직면한 '세 가지 위기'

그럼 현실을 직시하는 능력이 왜 필요할까?

사실, 사람은 불완전하다. 특히 이러한 불완전함이 '직시할 수 없다'라는 부분에 가장 잘 나타난다.

누구라도 자신의 약점을 직시하는 것을 싫어하기 때문에 굳이 하고자 하지 않는다. 또한 장점에 관해서도 그 한계를 직시하는 것은 싫어한다.

또한 사람에 따라 직시할 때의 편견이 다르다.

예를 들어 처음 창업한 기업가는, 제1의 '꿈'과 같은 긍정적인 사고가 강하기 때문에 현실을 냉정하게 바라보지 못할 때가 많다. 실제로 나는 실리콘밸리에서도 꿈이 거품으로 꺼지는 상황을 작년 1년 간 눈앞에서 지켜보았다. 그리고 현실주의자나 실리주의자의 경우, 자칫하면 직시가 부정적인 쪽으로 기울어지기 쉽다.

어쨌든 자신과 반대 부분이 결여되어 있다는 것을 깨닫지 못하면 '직시'가 아니라 '무시'를 하게 된다. 그리고 어떤 경우에도 그것을 방치하는 것은 치명적이다. 창업자는 꿈뿐만 아니라 인생이 끝날 수도 있다. 현실주의자는 기회를 잡아보지도 못하고 끝난다.

나는 왜 현실직시가 필요한가에 대해 생각했다.

먼저 내가 내린 결론은 '21세기 초를 살아가는 인간은 세 가지 위기에 직면해 있다'라는 것이다. 그리고 "아무도 그 위기에 대한 해결책이 없기 때문에 아무리 일이 제대로 진행된다고 해도 현실직시의 센서를 꺼둘 수는 없다"라는 사실이다. 이것은 비즈니스의 최고 재력가들을 관찰했을 때 깨달은 것이다.

이 세 가지 위기는 '미숙아의 위기', '성인의 위기', '노화의 위기'다.

'미숙아의 위기'는 기술혁신이 너무 빨라서 제대로 뿌리를 내리지 못하는 위기다. 그 결과, 제멋대로인 표준이 두서없이 병존

하여, 경제 전체의 효용이 떨어진다. 인텔(Intel Corporation. 미국의 반도체 회사)의 앤드류 그로브회장(Andrew Grove. 1936년 헝가리 출생, 미국 실리콘 밸리의 페어차일드 반도체연구소 부소장을 지낸 후 1968년 인텔을 공동 창업했다. 1979년 인텔사 사장, 1987년 대표이사를 거쳐 1997년부터 인텔사 명예회장으로 있다)은 기술을 건전하게 키우기 위해서는 기술을 보급하고 그것이 토대가 되어서 그곳에서 다시 새로운 기술이 태어나도록 축적이 되어야 하는데 지금은 그러한 숙성의 시기가 없다고 말했다.

'노화의 위기'는 대부분의 기업이나 사람이 과거의 성공이 만들어 낸 패턴에 빠져 안주해있다가 정신을 차렸을 때는 뇌혈전이나 동맥경화를 일으키는 상태가 되어 있다는 것이다. 성공한 기업은 언젠가 관료화의 위기에 빠진다. 이 때 도요타(Toyota Motor Corporation. 일본의 자동차 및 자동차부품 제조회사)의 오쿠다 히로시(奥田 碩. 홍보맨 출신으로 최고 경영자에 오른 대표적인 인물)회장의 말처럼 항상 안주하지 말고 위기감을 갖는 것이 중요하다.

'성인의 위기'는 미숙아도 노인도 아닌 가장 능력이 있는 성인이라도 '정보홍수 속을 헤엄쳐 나갈 수 있는 브레인 파워를 갖지 못한 것은 아닌가?' 라는 위기다. 이것 역시 인텔의 그로브회장이 "정보는 증가했지만 우리의 두뇌는 그에 따라 좋아진 것은 아니다"라는 말을 했다. 나 역시 잘난 척하면서 책을 집필하거나 강연, 또는 컨설팅을 하지만 사실은 이 정보홍수 속에서 과녁이 빗나간 논리를 펴고 있는지도 모른다는 두려움이 있다.

또한 이 재능을 익히는 필요성에는 개인차가 있다. 우리 집에서는 아마도 내가 이 부분에 가장 약하다. 나머지 세 사람은 나름대로 상당히 직시하고 있다. 아내는 문제점을 적출하는 것은 거의 천재 수준이다. "그것까지 생각할 수 있을까?"하는 최악의 사태를 순식간에 판단 할 수 있다. 딸은 아직 경영자의 병아리에 불과하지만 자신의 할 일은 이미 제대로 파악하고 있다.

■ '현실을 직시하는 능력' 을 기르는 방법

❶ 직시 시간의 설정
우선 현실직시, 철저한 확인을 위한 시간을 정한다. '나중에 해야지' 라는 생각은 안 된다. 컴퓨터를 사용하는 사람이라면 공감할 것이다. 조작불능상태로 갑자기 이상 정지할지 모르는 윈도즈 대책으로, 문서를 작성할 때마다 몇 분 간격으로 보존하고, 일주일 간격으로 백업을 한다. 매일 플로피에 백업을 하는 것과 비슷하다.

❷ 수첩과 메모지
내 경우, '해야 할 일의 목록(To Do List)' 은 메모를 해서 반드시 수첩에 붙여둔다. 붙여놓고도 제대로 보지 않는 습관은 좀처럼 고쳐지지 않아서 항상 다음에는 꼭 봐야지 하고 끝날 때가 많지

만, 우선 쓰는 것만은 몸에 배었다. 그 효과는 쓰면 안심하기 때문에 다른 일을 할 때 머리가 복잡하지 않아서 좋다.

그래도 일을 할 때 실수는 따르는 법이다. 그래서 반성해야 할 일이 생겼을 때도 우선해야 할 일을 써서 우선순위를 매긴다.

❸ 과정 확인

비즈니스세계에서는 종래 '품질관리(quality control)'라고 불렸던 것이, 지금은 '품질보증(quality assurance)', 또는 '회계감사(audit)'라고 불려지게 되었다.

품질관리가 모든 과정에서 체크 포인트를 전제로 그것을 절차상으로 지키면 된다는 반면, 품질보증은 그 기준 자체도 문제 삼는다. 이것은 고차원적인 변화를 나타내고 있다.

어린이를 예로 들면, 아이의 숙제 검사를 할 때, 틀린 것을 발견해낼 심산으로 검산을 하게 하거나 다시 한 번 읽어보게 한다.

이것을 '철저한 확인력'이라고 부르는데, 여기에는 단계가 있다. 제1단계는 매우 면밀하게 체크하는 단계다. 제2단계는 꼼꼼함이 보통 사람보다도 예리하다는 것이다. 성격에 따르기도 하고 경험에 따른 기술인 경우도 있다. 제3단계는 체크하는 구조를 자기 나름대로 생각해서 그 기준에 따라 체크하는 단계다. 제4단계가 되면 자신 이외의 사람이 체크하는 구조를 만든다. 제5단계에서는 시스템적으로 실수가 생길 가능성을 봉쇄해버린다.

이것을 다른 말로 바꾸면 필요할 때는 철저하게 확인하고, 과정을 꾸준히 지켜볼 수 있는 능력과, 평소에 예리하게 체감할 수 있어야 할 수 있는 민감함이 중요하다는 말이다.

체감과 관련해서 약간 다른 방향에서 살펴보면, 체감은 공부보다 좀더 육감적이다. 그러나 육감은 시각, 청각, 후각, 미각, 촉각, 즉 오감이 예민하면 떠오르는 것이다. 따라서 특히 지금 세상에서 문명국의 아이는 오감이 예민해야만 한다.

여기서도 나는 별로 잘난 척하지 못하고 아이에게 한 방 먹었다. 아내가 아로마테라피에 깊은 관심을 갖기 시작하면서 통신교육을 듣고 몇 십 종류의 아로마향을 주문했다. 가족들은 아내의 실험대상이 되어 "이 향기를 맡으면 무엇을 연상할까?"라는 테스트를 받았는데, 내 대답은 슬프게도 대부분이 "파라졸인가? 소독약인가?"였다. 그런데 딸은 각 제품의 향기에 대해 스토리로 대답했고, 더구나 그 스토리 속에는 정답을 시사하는 키워드가 들어있었다고 한다.

내가 사우디아라비아에 있을 때, 사우디 사람과 식사를 하면 그들은 종종 음식의 냄새를 맡아보고 전혀 손을 대지 않기도 했다. 그리고 내가 그것을 먹으면 틀림없이 나중에 탈이 났다. 그때 나는 '과연 배도원(Bedouin. 아랍계의 유목민, 아라비아반도에서 북아프리카의 사막을 중심으로 유목생활을 한다)'이라고 생각했다.

제3의 재능 '성과를 얻기 위한 과정의 창조력'

'많은 가설'을 만든다

■ 풍부한 아이디어와 영감을 떠올릴 수 있는가?

세 번째 재능은 '성과를 얻기 위한 과정을 많이 생각해낸다'는 것이다. 이것은 말하자면 제1의 재능인 꿈과 목표, 제2의 재능인 현실직시를 연결하기 위한 아이디어를 떠올리는 재능이다.

여기서 주의해야 할 점은 연결한다고 해도 경로가 한 가지만은 아니라는 것이다. 정답 한 가지를 찾아내는 능력이 아니다. 정답은 해보기 전까지는 알 수 없기 때문에 여러 가지 경로와 정답을 생각하면서 가장 좋은 것부터 손을 댄다. 그리고 그것이 안 되면 그 다음으로 이동한다. 결국 가장 중요한 것은 풍부한 아이디어와 영감이다.

정보화시대를 맞이하면서 성과를 얻기 위한 과정, 아이디어를 많이 떠올리고 그것을 곧바로 검증해나가는 것이 더욱 중요해졌다. 이것은 재력가의 재능으로도 필수항목이다.

전 넷스케이프 커뮤니케이션스사(Netscape Communications. 한때 Netscape Communicator는 전체 웹 브라우저 시장의 80%까지 장악하는, 놀라운 시장 점유율을 보이기도 했지만, 현재는 거꾸로 약자였던 Internet

Explorer에 80%에 육박하는 시장을 내준 상태다. 현재 AOL에 인수되었지만, 회사명과 제품들의 이름은 유지한 채 그 영향력을 키워 가고 있다)의 마크 안드리센(Marc Andreessen. Netscape의 공동 창업자)은 이런 말을 했다.

"인터넷 이전의 시대는 물건을 만드는 사이클이 2년이나 3년이었다. 연구소에서 소프트웨어의 디자인을 하고, 소프트웨어를 만들고, 내부적으로 테스트하고 나서 시장에 내놓는 것이 일반적인 과정이었다. 그런데 인터넷시대가 되자 변했다. 소프트를 만들면 곧바로 웹사이트에 올린다. 그러면 순식간에 전 세계로 전개된다. 야후(yahoo. 다국적 인터넷 포털사이트의 하나)나 이베이(eBay. 미국의 세계적인 인터넷 전자상거래 기업), 아마존(Amazon. 미국의 대규모 인터넷 서점)등은 2, 3주 주기로 소프트 수정을 반복하고 있기 때문에 소프트를 만든 기업은 시장 조사를 순식간에 할 수 있게 되었다."

또한 그의 넷스케이프 시대의 동료, 빌 캠벨(Bill Campbell)은, "새로운 서비스를 인터넷에 올려라. 만일 그것이 제대로 움직이면, 그것은 이미 상품이다. 만일 움직이지 않으면 그것은 시장 조사다"라고 했다.

한편 '아이들에게 많은 가설을 세우게 하라'는 말은, 아이로 하여금 목표와 현실의 차이를 메워주는 여러 가지 경로(해결법)를 생각하게 하라는 것이다. 무언가를 하기 전에 '이렇게 하면 이렇게 될 거야', '이러한 원인으로 이렇게 된 거야. 그러니까 이렇게 하면 좋을 거야 하고 생각하게 만들라는 것이다.

그것도 거의 자동적으로 만들어갈 수 있도록 그런 상황까지 유도한다. 그러려면 평소에 '나는 이렇게 하고 싶다. 그러기 위해서는 이러한 방법을 쓰면 이렇게 될 거야'라고 연상하게 한다.

■ 가설은 항해할 때 필요한 나침반

가설을 세우는 것이 필요한 이유는 무엇일까? 한 마디로 거친 파도를 항해할 때는 나침반이 필요하기 때문이다. 정보홍수와 급변하는 사회 속에서 가설이 없으면 마치 나침반이 없는 배처럼 갈팡질팡하게 된다.

가설이 없으면 모든 일에 주도권을 가질 수는 없다. 앞뒤 가리지 않고 무조건 달려들었을 때 잘 되면 다행이지만 그렇지 못하면 그 다음 상황에서 누군가의 지시를 받아야하는 처지가 된다. 혹은 상황이 변화할 때마다 갈피를 못 잡고 우왕좌왕하게 된다.

또 어떤 사람은 "가설은 요컨대 편견이다. 가능한 한 그런 편견은 버리고 객관적으로 사물을 보아야 하지 않을까?"라고 말하기도 한다. 혹은, 이상한 가설 따위는 버리고 무심하게 임하는 선(禪)적인 명경지수(明鏡止水. 밝은 거울과 정지된 물이라는 뜻으로, 고요하고 깨끗한 마음을 가리키는 말)와 절대적으로 받아들이는 사고방식을 좋아하는 사람도 있을 것이다.

나는 이러한 사고방식 자체를 논파할만한 것을 지금은 갖고 있지 않지만, '우선, 가설을 자유롭게 만들 수 있게 되고 나서 그 가설을 지워버리는 편이 능숙해지는 길이다' 라는 것이 내 가설이다.

'무심(無心)' 이라고 하면 듣기에는 좋지만 단순한 수동 상태에 빠질 위험성이 높다고 생각한다. 더구나 스스로 의식할 수 없는 구속에 얽매인 채 말이다. 그것보다 가설로써 자신의 생각을 명확화하고, 그것을 점차 수정해 가는 편이 발전성이 있다. 진짜 '무심' 은 그것을 '뛰어넘는 경지' 로 나타나는 것이라고 생각한다.

또 한 가지, 가설은 '하기 전에 생각하라' 라는 것인데, "그런 느긋한 말을 하고 있을 때야? 무조건 해 보는(Just do it)거야" 라는 말이 필요한 경우도 있다.

가설중시는 '생각만 하고 행동하지 않는다' 라는 것과도 다르다. 나는 원래 생각을 많이 하기 때문에 행동에 옮기기 전에 여러 가지 생각하다가 결국에는 실천하지 않는 경향이 있었다. 하지만 가설로써 생각하는 것과 여러 가지 고민하고, 또는 모든 경우를 생각해보는 것과는 다르다. 가설은, '이렇게 하면 이렇게 될 것이다' 라고 생각해서 그것을 해보고 검증하고, 틀리면 다음 행동으로 옮길 수 있게 해준다.

■ '많은 가설을 세우는 능력'을 기르는 방법

제1의 재능(결과 이미지의 명확화)과 제2의 재능(현실직시)을 할 수 있으면 그 사이를 연결하는 아이디어가 떠오르는 것은 해설도 필요 없을 만큼 간단하다.

성과를 얻는 과정에서 중요한 것은 그 전의 작업을 확실하게 했느냐 하는 것이다. 말하자면 꿈과 성과이미지 부분과, 현실직시의 부분이 잘 되어있으면 그 사이를 메우는 일이 쉽고 즐거운 작업이 된다.

그렇다면 성과 이미지 없이 마음 내키는 대로 충동적인 행동을 되풀이하면 어떻게 될까? 서투른 NHK 대하드라마처럼 마지막에는 간단하게 생략해버리거나 시청률에 따라 늘리기도 한다.

그렇지 않고 해리포터처럼 처음과 끝을 미리 생각하고 나서 중간을 메워 나가면 내용이 튼실하다고 생각한다. 물론 실제비즈니스에서는 성과이미지를 미리 정하고 점차 수정할 필요가 있기 때문에 금고에 넣어 둘 수는 없지만 말이다. 뼈 없는 연체동물은 몸을 빨리 움직일 수가 없다. 뼈(가설을 지탱해주는 부분)와 근육(행동의 유연성)은 몸의 균형을 잡아주는 데 매우 중요한 역할을 하기 때문이다.

또 한 가지 중요한 것은 자기 혼자서는 하지 않는 것이다. 이것은 제1의 재능에도, 제2의 재능에도 해당되는데, 제3의 재능에서는 특히 그렇다. 그때까지 알지 못했던 사람도 잠깐 스치기만 해도 좋은 자극이나 아이디어를 제공할 가능성이 있다. 컨설팅을 하다보면 이 단계는 특히 다른 사람의 이용가치가 있다.

또한 일반적으로 이 부분은 협력을 얻기 쉽다. 현실직시나 꿈은 협력을 얻으려고 하는 사람의 성격에 관련이 있지만 아이디어를 낸다면 어차피 검증하는 것이니까 마음 편하게 부탁할 수 있다.

다만 아이디어 제공을 브레인스토밍(brainstorming. 자유토론)에만 의존한다면 진행속도가 상당히 느려진다. 브레인스토밍에서는 그런 상황이 상당히 익숙한 사람들에게서만 의견이 나오기 때문이다. 나는 주로 브레인스토밍이 끝나고 나서야 아이디어가 나오는 편이다. 그렇기에 오히려 가벼운 마음으로 혼자서 들으러 가거나, 전화하거나, 메일을 보내거나 하는 쪽이 효과적일지도 모른다.

떠오르는 생각을 기록하는 방법도 꽤 중요하다. '생각'은 꿈이나 목표, 혹은 현실직시에 관한 것도 있지만 대부분은 가설이나 해결책에 관한 것이다. 간단한 경우는 앞에서 이야기했듯이 목표와 현실이 명백하면 거의 자동적으로 떠오른다.

문제는 그렇게 간단하지 않은 경우로, 이때는 무조건 생각하는 수밖에 없다. 그것도 책상 앞에 앉아서 뿐만 아니라 때와 장소를 불문하고 계속 생각해야 한다.

'계속'이라는 말은 '다른 것을 하고 있을 때도'라는 의미다. 식사할 때도 잠잘 때도 금방 일어났을 때도 통근 중일 때도……. 따로 의식적으로 생각하지 않아도 무의식중에 갑자기 떠오를 때도 있다.

이 때, 떠오른 것을 기록하는 것이 아주 중요하다. 사람에 따라서는 무엇이든지 기억할 수 있는 사람도 있지만 대부분은 기록에 의존한다. 전자수첩이나 PDA를 사용하면 좋은데, 가능하면 재빨리 꺼내서 사용할 수 있고 무겁지 않은 것을 준비하는 것이 중요하다. 나는 고쿠요(KOKUYO)의 '필드노트(field+note)'라는 야외 관찰용 수첩을 애용하고 있다.

제4의 재능 '실패해도 끝까지 해내는 능력'

성공과 실패로 자신감을 기른다

■ '실패'로 배우는 두 가지

비즈니스 재력가의 네 번째 특징은 끈기가 있고 실패하면서도 끝까지 해낸다는 것이다. 또 비즈니스 재력가는 주위 사람이 하지 않는 것을 한다는 점에 그 가치가 있다.

사람은 기본적으로 보수적이다. 그러므로 재력가가 무언가를 하려고 하면 반드시 저항에 부딪친다. 그리고 조금이라도 실패할 것 같으면 "그것 보라고", "그럼 그렇지" 하고 어김없이 냉소를 보낸다. 문제는 그래도 기가 죽지 않는다는 것이다.

에디슨의 말처럼 인생에서 실패의 대부분은 당사자가 포기할 당시, 이미 성공 근처에 있었다는 사실을 자신이 깨닫지 못했기 때문에 일어난다.

'성공'과 '학습'을 위해서 실패에 익숙해질 필요가 있다.

성공하기 위해서는 시행착오를 많이 할 필요가 있지만 보통 사람은 실패하면 대개 포기하고 만다. 그러므로 설령 실패하더라도 시행을 그만두지 않는 것이 무엇보다 중요하다. 그리고 실패라는 시련을 경험하지 않은 성공은 오래가지 않는다. 실패를 거친 성공이야말로 오래 지속된다는 것을 기억하자.

학습이란 실패를 통해 비로소 자신의 한계에 도전하면서 배워 나가는 것을 말한다. 특히 리더가 될 때는 이 한계에 도전한 실패가 결정적인 중요성을 갖는다.

예를 들어 실리콘밸리에 본거지를 둔 IDEO(미국의 세계 유수의 산업디자인 회사)라는 산업디자인(industrial design 공업디자인이라고 한다. 미적요소와 기능을 조화시킨 대량생산에 의한 공업제품 디자인) 우량기업이 있다. 이 기업의 강점의 하나는 '프로토타이프(prototype 대량생산에 앞서 실험적으로 소수만 만드는 모델)'를 빨리 만들어서 빠른 단계에서 고객에게 심판을 받는 과정이다. '빨리 실패를 경험해라. 그러려면 계속 '프로토타이프'를 만들어서 외부의 옳은 심판을 받으라'라는 것이 IDEO의 생각이다. 여기서는 실패가 가설의 역할을 담당하고 있다.

실패해도 앞으로 헤쳐 나가기 위한 기본은 그때까지의 성공과 실패를 통해 길러진 자신감이며, 자신감과 집념으로 뭉친 에너지다. 그리고 아무리 힘든 역경에 처해도 반드시 완성하고 말겠다는 의지다.

이 때 주의해야 할 점이 있다. 그것은 여기서의 '실패해도 계속 하겠다'라는 것은 '이를 악물고 하겠다'라는 말과는 좀 다르다는 것이다. 실패는 인정하지만 포기하면 체면 때문에 계속 억지로 밀고 나가는 것은 무리다. 그러나 실패하더라도 긍정적인 사고를 가지고 계속 일을 추진해나가는 것은 좋은 현상이다. 혹은 다소 실패하더라도 자신감으로 밀어붙이는 것도 좋다.

일반적으로는 실패해도 성공한 사람(예를 들어 창업한 사람)을 보면, '지는 것을 싫어하는 성격이야', '근성이 있군', '끈기가 있네'라고 평한다. 확실히 그런 면도 있긴 하다.

위험한 것은 스스로 '아무래도 실패한 것 같다'라는 판단이 섰는데도 '여기서 그만두는 것은 너무 창피해'라든가, '체면이 안서는데'라는 생각 때문에 쉽게 그만두겠다는 결단을 내리지 못하는 것이다. 이러한 생각은 결코 자신에게 득이 되지 않는다.

이 책의 목표는 성공과 실패를 잘 이용해서 아이에게 자신감을 심어주는 일이다.

아이의 성장으로 보는 '노력과 능력의 관계'

발달심리학이나 EQ(인성) 연구에서 다음과 같은 사항이 알려져 있다. 심리학자 마틴 코비튼은 노력과 능력과 성과에 관계에 관해 아이의 사고가 어떻게 발달해 가는지, 흥미로운 연구를 했다. 여기에는 네 단계가 있다.

제1단계, 초등학교에 들어가기 전의 아이는 '능력의 한계', '잘하는 아이와 못하는 아이의 차이'라는 생각은 없다. 그래서 아이는 실패를 거듭해도 노력을 계속한다. 노력하면 반드시 할 수 있다고 생각한다. 다시 말하자면 노력과 능력 사이의 구별이 아직 없는 것이다.

제2단계, 여섯 살에서 열 살 정도가 되면 '성공을 하기 위해 노력은 하나의 요소일 뿐 전부는 아니다. 따로 능력이라는 것이 있다' 라는 것을 알게 된다. 다만 아직 이 단계에서는 노력의 가치가 높아서 노력과 성공사이에는 1대 1의 관계가 있다고 생각한다.

제3단계, 아이는 열 살에서 열두 살이 되면 노력과 능력의 관계에 관해 더 많은 것을 알게 된다. 그리고 잘하는 아이와 못하는 아이의 구별을 확실히 하게 된다. 능력이 뛰어난 아이는 그다지 노력을 하지 않아도 성공하고, 능력이 부족한 아이는 더 많은 노력을 해야만 성공한다는 것을 깨닫는다.

대부분의 아이는 그래도 노력하면 된다는 낙관적인 생각을 가지지만 그 중에는 실패하는 아이도 생긴다. 아무리 노력해도 안된다고 좌절해버리는 아이가 있는 것이다. 이때, 부모나 선생의 적절한 지도가 이루어지지 않으면 아이는 '노력해도 소용없다', '안되니까 할 필요가 없다' 는 부정적인 생각을 하기 시작한다.

제4단계, 중학교에 들어갈 정도가 되면 '능력만이 성공을 좌우한다' 라는 생각으로 기울기 시작한다. '능력 부족이니까 안 돼' 라는 말을 믿는다. 이 단계에서 '못하는 아이 현상(underachievement) 이 전염병처럼 번지기 시작한다.

그리고 대부분의 어른이 그렇듯이 아이 역시 '나는 능력이 없어서 할 수 없어', '저 사람은 능력이 없기 때문에 못하는 거야. 노력해도 소용없어' 라고 생각한다. '좀 열심히 해보았지만 안 된다, 할 수 없으니까 그 이상은 하지 않는다' 라는 생각을 자주 한다. 그리고 대부분의 아이들은 노력하는 것을 그만두고 겨우 아슬아슬하게 합격하거나 평범한 성공으로 타협한다.

코비튼이 말하는 성공은 학교 공부에 대한 성공을 말한다. 하지만 나는 그것 자체는 성공하거나 실패해도 상관없다고 생각한다. 더욱 중요한 것은 다음 사항이다.

요컨대, '모든 아이들에게 학교 성적에 의한 성공과 실패가 그 아이의 자신감에 영향을 준다' 라는 것이다. 어떤 아이가 시험에서 나쁜 성적을 얻었을 때, 그 아이의 자신감은 학교 성적으로 인해 상처받았을 뿐인데 결국은 모든 것에 상처받고 만다.

또 한 가지 중요한 점은 아이는 원래 자신의 능력에 대해 낙천적으로, '무엇이든지 할 수 있어, 그러니까 노력해야지' 하고 상당히 긍정적인 사고와 태도를 갖고 있다는 것이다.

물론 경험을 통해 자신의 장점이나 단점을 알아 가는 것은 중요하지만 적어도 장점에 대해서는 이 능력에 대한 절대적인 자신감이 있어야 한다.

■ 성공과 실패의 체험으로 새로운 시도를 계속할 수 있다

앞에서 말했듯이 비즈니스재력가의 가치는 주위 사람이 하지 않는 것을 하는 데에 있다. 그러나 사람은 기본적으로는 보수적이다. 유감스럽게도 어린이의 세계도 마찬가지다. 어린이 재력가

가 무언가 하려고 하면 반드시 저항에 부딪치고, 실패할 것 같으면 냉소를 보낸다.

그때 성공과 실패로 다져진 자신감만 갖고 있다면 그 자리에서 용기 내어 새로운 시도를 계속 할 수 있다. 그러면 에디슨의 말대로 '포기했기 때문에 실패했다' 라는 결과는 나오지 않을 것이다. 저항에 부딪치더라도 자신감을 갖고 계속 노력하는 것이 재력가로서 성공을 거두는 열쇠다.

내가 생활했던 실리콘밸리에서는 인터넷관련 기업의 거품이 붕괴되면서 창업 열기가 약간 식었다. 그러나 지난번에 만난 창업자는 '진짜 창업자는 아무리 창업 상황이 나빠져도 창업하려는 욕구가 강해서 창업할 수밖에 없어요. 열기가 식는 것은 대세를 따른 사람들의 행동 때문이에요' 라고 말했다.

특히 아이는 '실패를 경험하더라도 무언가를 해내는 체험' 이 중요하다. 심리학적 연구에서 '효력감(perceived selfefficacy)' 이 높은 사람(자신감이 있는 사람)은, 다소 실패에 직면해도 효력감 자체에는 상처받지 않기 때문에 '더욱 노력하면 될 거야', 혹은 '상황만 제대로 갖추어지면 할 수 있어' 라고 생각하며 시도를 계속한다고 한다. 그리고 이런 실패를 극복함으로써 효력감은 더욱 높아진다. 반면, 효력감이 결핍된 사람은 작은 실패에 직면하면 그 원인이 자신의 실력이 부족하기 때문이라고 생각하고 즉시 포기해버린다.

■ '실패해도 끝까지 해내는 능력'을 기르는 방법

❶ 자신감의 발견과 보호

우선, 아이가 자신감을 가질 수 있는 영역을 발견하는 것이 중요하다. 그리고 설령 다른 것을 할 수 없더라도 그것만큼은 확실하게 지켜준다. 그렇게 해서 자신감의 분야를 깊게 파는 것을 도와준다. 그렇게 하면 자신감이 높아짐과 동시에 다른 영역에서도 사용할 수 있는 능력이 생겨서 자신감의 영역이 확대된다.

예를 들어 내 딸은 스스로 산수를 잘 못한다고 생각했다. '나는 오빠보다 산수를 잘 못해'라고 생각해버린 것이다. 반면에 미국에 오고 나서는 내 딸은 아들보다도 빨리 영어를 유창하게 했다. 완벽주의자인 딸은 늘 많은 노력을 했다. 영어를 잘하게 되자 더욱 열심히 공부했다. 그러다가 스피치 원고를 작성하기도 하고 숙제도 스스로 하게 되면서 싫어도 논리를 생각할 필요가 생겨났다. 그렇게 되자 '논리를 펼 수 있다면 산수도 잘할 수 있을 거야'하고 산수를 공부하게 하는 쪽으로 유도하는 것이 그다지 어렵지 않았다. 이렇게까지는 못하더라도 최소한 '잘 못하니까 안 해'라는 악순환만큼은 피해야 하지 않을까?

❷ 끝까지 해낼 수 있는 능력을 기르는 기준 설정

성공과 실패의 인정은 실은 어떠한 기준을 설정하느냐에 달려 있다. 예를 들어 한계를 시험하는 높은 기준만 설정한다면 연속적으로 실패하게 된다. 반대로 안이한 기준을 설정하면 실패는 거의 없다. 한계를 시험하고 실패하면서 적당하게 성공감도 맛볼 수 있는 기술이 필요하다. 때로는 이상을 좇는 기준과 현실적인 기준으로 구분한다.

보통 장기적으로는 상당히 높은 기준, 단기적으로는 현실을 고려한 기준을 설정한다. 평균적으로는 '적당한 확대 기준'이 필요하다. 그리고 기준을 자주 수정한다. 기준 설정은 개인적으로 발견해가는 기술론이기 때문에 어쨌든 여러 가지 '기준'을 시도해보는 것이 포인트다.

❸ 부모의 실패 경험담을 들려준다

아버지 자신의 실패담을 여러 가지 들려주면 효과가 있다. 조그만 실수에서 비롯된 실패담에서부터 지금까지 아무에게도 이야기한 적이 없는 실패담까지 용기를 갖고 이야기한다.

특히 아버지가 어렸을 때 겪었던 실패담이나 비밀이야기 등 지금까지 아무에게도 한 적이 없고, 부모에게도 말할 수 없었던 이야기 등을 해 주면 상당히 효과적이다. 나도 아무에게도 터놓지 못했던 비밀을 아이에게 속 시원하게 했더니 기분이 상쾌해졌다.

❹ 가설검증으로써의 실패를 미리 염두에 둔다

상황이나 한계를 찾기 위해 여러 가지 시도를 하면 실패는 항상 따라다닌다. 이러한 경우의 실패는 소위 가설검증의 과정이므로 걱정할 필요는 없다. 포인트는 시나리오와 가설의 형태로 일어날 것 같은 '실패'를 미리 염두에 두는 것이다.

■ '네 가지 재능'의 문제 발견 · 해결의 핵심

지금까지 보아온 '네 가지 재능'은 문제를 발견하고 문제를 해결하기 위한 지름길이다. 참고로 네 개째는 세 개째의 특수형이라고 말할 수 있으므로 정리하면 세 가지다. 나는 세 가지를 합쳐서 꿈과 땀(땀을 흘리면서 현실을 직시하고 식은땀을 흘린다), 아이디어 창출이라고 부른다. 이상의 세 가지, 또는 네 가지의 재능이 문제의 발견 · 해결에 본질적인 요소라는 사실은 기업전략 속에서 거의 상식화된 사고방식이다. 또한 인지심리학에서 연구하는 사람이 문제를 해결할 때의 기본적인 과정이다.

아이가 학습하는 장면에는 이 네 가지의 재능을 키워줄 기회가 많다. 아이의 놀이에도 이 네 가지 재능을 키워줄 기회는 가득 있다. 아버지와 어머니가 조금만 신경 써서 조언을 해 주면 '무조건적인 암기학습'이나 마음에 들지 않는 '놀이'가 '재력가의 재능 개발'의 기회로 변할 수 있다.

그러나 아이에게 잘난 척 조언하기 전에 자신이 맡은 일이나 집안일에서 네 가지의 재능을 연습할 것을 권하고 싶다.

제5의 재능 '빨리 배우는 능력'

'자신의 학습방법'을 찾아준다

■ 이것이 리더에게 필요한 능력

제5의 재능은 '빨리 배우는 능력'이다.

'학습하는 조직(learning organization), 지적관리(knowledge management)'라는 말이 시사하듯이 비즈니스의 세계도 학습에 초점이 맞춰져 왔다. 재력가의 쟁탈전의 이유를 설명할 때 말했듯이 지금은 고가의 원천이 정보·지혜로 옮겨졌기 때문에 당연한 것이다.

그런데 여기서 말하는 학습은 얼마나 빨리 새로운 정보나 지식을 배우고 사용하며, 더구나 그것에 얽매이지 않는가 하는 의미다. 지금까지 어떠한 지식을 축적했는가하는 것보다도 현재진행형으로 얼마나 새로운 지식을 흡수할 수 있을까, 특히 정보홍수라고 불리는 사회분위기 속에서 본질적인 것을 얼마나 재빨리 배울 수 있는가하는 것이다. 이것은 지성에 대해서 연구하는 심리학 분야에서도 '배경 학습 능력'으로 중시되어 왔다.

정치나 비즈니스에서 중요한 것에 대해 세밀한 부분까지 챙기려면 나름의 기초 지식이나 틀을 미리 갖고 있지 않으면 무리다.

리더로서 적절한 정책을 밀고 나갈 때 숲은 보지 않고 나무만 봐서도 안 되지만 나무는 없는데 숲이 있는 것처럼 이야기를 해도 비웃음을 살 뿐이다. 세밀한 부분이 대국적으로 어떠한 효과가 있는지를 알고 전체를 재빨리 파악할 수 있는 두뇌가 없으면 일을 할 수 없다.

예를 들어 클린턴 전 대통령은 중요한 사항은 정확한 현실이 파악될 때까지 담당자에게 질문해서 철저한 설명을 요구했다. 이 점을 '윗사람은 작은 것에 구애받지 않는다' 라든가, '권한 위임이 중요하다' 라는 일반론으로 생각하면 잘못된 생각이다.

사실 재력가의 높은 학습력은 '제1의 재능, 꿈을 꾸는 능력', '제2의 재능, 현실직시', '제3의 재능, 풍부한 아이디어' 와 깊은 관계가 있다.

이 학습력의 기초를 아이 때 연마하기 위해서는 어떻게 하면 좋을까? 그러려면 두 가지가 필요하다. 하나는, '어떠한 기초 지식과 기술을 배워야만 하는가?' 하는 문제다. 또 한 가지는 학습 방법이다. '자신의 학습 방법을 어떻게 계발해나갈까?' 하는 것이다.

첫째는 데이터베이스로써 무엇을 지니게 할까, 또는 기억의 문제다. 둘째는 넓은 의미에서 정보처리 능력이다. 다시 말하면 처음에는 기억력의 문제, 두 번째는 기억력도 있지만 그것보다도 정보를 어떻게 질서화 하느냐 하는 문제다. 지성연구에서도 이 두 가지는 뇌에서 분명히 다른 영역 문제로 다루어지고 있다.

이 중에서 내가 가장 역점을 두고 있는 것은 두 번째 학습 방법이다.

■ '토대'를 세울 수 있다면 응용이 가능하다

학습스타일과 특정과목의 지식을 습득시키는 것이 아니라 그지식의 습득을 통해 지식을 배우는 방법 자체를 알게 하고 배운지식을 어떻게 사용해서 문제를 풀어나가는가를 체득시킨다. 요컨대 토대 계발이다. 배우면서 자신의 방법을 발견하게 하는 것이다.

환경변화가 심한 상황에서 필요한 것은 그 시점에서 어떠한 것을 알고 있는가 하는 것보다도 새로운 지식이나 정보를 얼마나 재빨리 배워서 사용할 수 있는가 하는 것이 중요하다. 어떤 의미에서 첫째의 기초학 능력도 이 방법을 가능하게 하는 학습방법을 배우기 위해서는 반드시 필요하다는 것이 나의 지론이다. 앞으로는 이 학습방법의 계발에 관해 집중적으로 다루고자 한다.

■ '자신의 학습 방법'을 익히는 방법

아이에게 '일곱 가지의 재능'의 중요성이나 그 안의 학습방법의 중요성을 가르치려면 그것이 도움이 된다는 사실을 체감시키는 것이 중요하다. 아이들은 현실적이므로 자신이 숙제나 프로젝트를 할 때, 그에 도움이 되는 어떤 방법을 알면 그것을 습득해서 사용하려고 한다.

그런데 아이가 '일곱 가지의 재능'이나 학습방법을 사용하지 않고, 무조건 풀거나 암기할지도 모른다. 그쪽이 편하기 때문이다. 그렇게 되면 아이는 '일곱 가지의 재능'이나 학습방법을 배울 기회를 놓치게 될 것이다.

미국의 지능 연구에서 지능이 높은 아이는 이러한 방면에서도 뛰어나 전략적인 학습방법을 익히고 있다.

그래서 내가 실제로 내 아이에게 시도해보고 나서 터득한 전략적 학습방법 몇 가지를 소개하고자한다.

❶ 문제해결을 위한 '네 가지 과정
전략적인 문제 해결 방법은 네 가지 과정으로 이루어져 있다.

- 우선, 문제를 설정한다.
- 다음으로 해결방안을 여러 가지 생각한다.
- 해결방안을 비교검토하고 어느 것이 가장 좋은지 선택한다.
- 해결방안을 실시, 평가하고 필요하면 해결방안을 수정한다.

앞에서도 이야기한 아이의 숙제 중에서 영어 책을 읽고 작성하는 독서 감상문을 예로 들어보자.

딸과 아내가 선택한 책은 꽤 어려운 내용이었다. 전체의 4분의 1정도는 아내가 딸에게 번역을 해 주었는데 이대로 하면 시간이 걸려서 안 된다고 생각했는지 내게 도와달라고 했다. 바로 이 때 문제해결 과정을 적용한다.

우선 '문제설정'인데 이것은 무엇을 달성하면 좋은가 하는 결과이미지(목표)의 형태로 진행하는 것이 보통이다. 그래서 내가 두 가지 목표를 설정했다. '가능한 한 짧은 시간 안에 요령껏 감상문을 쓴다' 라는 목표와, '영어 실력을 향상시키는 계기로 삼는다' 라는 목표였다(두 번째는 결과이미지라고 할 수 있는지는 좀 망설여지겠지만 그렇게 엄밀하게 할 필요는 없다). 완벽주의자인 딸은 대개 과정에서 손을 떼는 제안에는 응하지 않지만 목표를 정하는 일에는 의외로 이해가 빠른 편이다(그것이 포인트다).

다음은 '해결방안을 마련한다'인데, 나는 "너는 어떻게 했으면 좋겠니? 아무리 열심히 해도 그다지 영어 실력은 늘지 않으니까, 차라리 감상문은 요령껏 쓰고 남는 시간에 마음에 드는 부분을 철저하게 공부해서 영어실력을 향상시키는 게 더 낫지 않겠니?" 하고 제안했다.

그러자 딸도 "그럼 마지막 장을 먼저 해요. 아빠, 대신에 재빨리 마지막만 읽고 감상문을 쓸 수 있는지 생각해주세요" 하고 내게 반격해왔다(역시 경영자의 병아리답게 남을 이용하는 방법을 알고 있는 것 같았다).

이것은 내가 생각한 시나리오로, 이 경우에는 해결방안을 따로 제안하지 않았다. 만일 굳이 제안하자면 '정독' 하는 방법도 있다. 또한 더욱 게으름을 피워서 지금까지 읽은 것만 가지고 쓰는 방법도 있다(이것은 딸의 성격으로 볼 때 절대 통하지 않는다. 그리고 숙제의 취지에도 어긋난다).

또한 누가 할지에 관해서도 대체방안이 있다. 내가 생각하고 있던 것은 마지막 장만으로 해결이 된다면 내가 해도 되지만 만일 속 내용도 읽는다면 아내와 분담하거나, 혹은 가정교사 선생에게 어느 부분을 부탁하는 것이었다. 또한 지금 읽고 있는 책이 너무 어려우면 다른 책으로 바꾸려고도 생각했다.

세 번째 과정에서는 위에 언급한 각 해결방안의 장점과 단점을 비교한다. 그러나 이 경우에는 그것은 생략하고 마지막 장만 내가 읽고 앞부분의 내용과 합쳐서 감상문을 쓸 수 있는지 판단하기로 했다.

네 번째는 '해결방안의 실시' 다. 나는 쉬는 날 저녁이었기 때문에 슬슬 맥주를 마시고 좋아하는 책이라도 읽을 생각이었지만 할 수 없이 딸의 책의 마지막 장을 읽기 시작했다. 초등학교 3학년용 책인데도 꽤 어려운 내용이다.

'맥주를 마시면서 가설의 검증을 해야 하다니. 가벼운 마음으로 오케이하지 말걸. 업무용 책이 훨씬 간단한 것 같군.'

결국 책을 읽고 나서 딸에게 들은 앞부분의 이야기와 마지막 장만으로 어떻게든 될 것 같아서 요지를 딸에게 보고했다. 그리고 그 다음부터는 딸에게 맡겼다.

딸은 스스로 우리말과 영어를 섞어 사용하여 책의 내용을 요약한 것 같았다. 그리고 다음날 가정교사(이 사람은 일본어를 할 줄 모른다)와의 30분간의 레슨 때, 마지막 장을 집중적으로 해서 어느 정도 정리된 요약문을 스스로 만들어 왔다. 읽지 않고 뛰어넘은 부분도 숙제가 끝난 후에 제대로 읽었다고 한다. 두 번째 목표인 '영어 능력 향상의 기회로 삼는다'도 이룬 것 같았다(아내가 '단 한 번 약간 도와주었을 뿐인데 어떻게 이렇게 글을 잘 쓸 수 있는 거죠?' 라는 질문을 할지도 모른다).

포켓몬이나 몬스터 팜, 그 외의 게임에서도 싸움을 포함한 게임을 하고 있는 아이에게 문제해결의 이야기는 알기 쉬울 것이다. 내 아들도 이것만은 아주 쉬운 것 같았다. 최근의 예를 들자면 플레이스테이션 2(Play Station 2. 소니 컴퓨터 엔터테인먼트가 제조, 판매하고 있는 32히트게임기)의 '오다 노부나가(織田 信長)의 야망'이나 '삼국지' 등은 이런 재능을 키워주기에 적절하게끔 아주 잘 만들어져 있다.

이상의 문제해결 과정은 '일곱 가지의 재능'과 관련되어 있다. 특히 세 가지 기능이 자연스럽게 발휘된다. 문제를 설정하는 것이 실은 목표 설정(제1의 재능)과 현실직시(제2의 재능)를 합침으로써 나타나는 미래와 현실 사이의 차이를 날카롭게 지적할 수 있게 해준다. 그 차이가 사실은 '문제의 핵심'이다. 해결방안을 여러 가지 생각하고 평가해서 수정한다는 것은 제3의 재능의 가설 검증에 지나지 않는다. 또한 실제 문제 해결은 그렇게 간단하지 않으며 실패에 직면해도 맞서 싸워나가는 면이 필요하다. 이것이 제4의 재능이다.

❷ 문장을 구성하는 방법

이것도 문제해결 과정과 비슷하다. 국어 작문에서는 '기승전결'이라는 것은 배워도 그 이상의 구조화는 배우지 않는다. 그러나 문장을 사고의 구성이나 전달 도구로써 활용하려면 '구조화의 기술'이 반드시 필요하다.

비즈니스에서는 적당히 쓴 문장이 통하지 않는다. 그러므로 영어권 나라에서는 문장 구조에 관해 좀더 철저하게 가르친다. 나는 초등학교 고학년 정도가 되면 문장의 구조화는 반드시 필요하다고 생각한다.

문장 구조화는 크게 둘로 나누어 가르친다. 문장 전체의 '요점을 정리하는 방법'과 '문장의 절을 만드는 방법'이다.

요점을 정리하는 방법에는 두 가지가 있다. '결론은 무엇인가?'라는 것과, '그것을 도와주는 재료는 무엇인가?' 하는 것이다. 그리고 이것을 짧게 말하게 한다. 컴퓨터 소프트 워드나 파워포인트로 작은 모형을 보여주면 아이는 시각적으로 이해한다.

또 한 가지, 요점을 생각할 때 논리를 전개하는 방법을 가르친다. 내가 애용하고 있는 것은 '무엇을(WHAT), 왜(WHY), 어떻게(HOW)'의 3단 구성이다. 독자나 청자에 따라 왜, 무엇을, 어떻게 순서대로 하거나, '어떻게' 라는 사례부터 시작해서 '무엇을, 왜'로 전개하기도 한다. 중요한 점은 이 세 가지 요소를 분명하게 구분해서 전개해야 한다는 것이다.

무엇을, 왜, 어떻게 라든가 미래상, 현 상황, 차이 해소라는 것을 아이가 어려워한다면 그것을 단순화해서 '중요한 것' 과 '그것을 도와주는 것' 과 같은 이분법으로 해도 좋다.

다음으로 문장의 단락을 만드는 방법이다. 이것도 이 나라에서는 대부분 가르치지 않는데 사실 상당히 중요한 기술이다. 우리말에서도 단락은 있지만 왜 단락이 나누어져 있는지, 그 이유를 잘 알 수 없다. 영어에서 하나의 단락은 하나의 아이디어를 나타낸다고 한다. 그리고 그 단락의 중심이 되는 아이디어를 단락의 첫 문장에서 나타낸다. 그 후의 문장은 모두 첫 문장의 보충 설명인 셈이다.

물론 지나치면 기계적이 될지도 모르지만 원칙은 그렇다. 그러나 아직 내게는 완벽한 우리말을 쓸 수 있는 재능이 없기 때문에 이 책을 쓰면서도 그러한 방법을 완벽하게 지키지는 못했다.

❸ 스피치 하는 방법

스피치 하는 방법도 어렸을 때부터 훈련해야 한다. 초등학교에서도 '발표' 라는 기회는 자주 있지만 스피치의 방법에 대한 가르침은 지나치게 유치하다. 나는 아이가 초등학교에서 발표한다며 잔뜩 흥분해있을 때 아이를 붙잡고 진지하게 가르쳤다. 내가 특히 강조해서 가르친 것은 '원고를 읽지 말고 이야기하라', 그리고 '한 명씩 눈을 보고 이야기하라', '서두르지 말고 천천히 이야기하라' 라는 점이다.

원고는 보아도 좋지만 몇 마디를 본 후에 얼굴을 들고 청중 쪽을 향해 그 몇 마디를 이야기한다. 그리고 또다시 몇 마디를 본 후에 청중을 향해 이야기한다. 이렇게 하면 눈으로 청중과 함께 호흡할 수 있다.

이야기하는 것과 듣는 것의 관계도 상당히 중요하지만 이것은 '외국어'의 경우에서 자세히 설명하겠다. 아무튼 아홉 살 난 딸이 영어로 처음 스피치 할 때, 나와 아내와 아들이 청중이 되어 잔소리를 늘어놓았다. 셋이서 말하고 싶은 대로 이러쿵저러쿵하는 바람에 딸은 거의 울 뻔했다.

그러나 다음날, 가정교사 선생님에게도 부탁하여 스피치를 해 보이고 조언을 구했다고 했다. 그 보람이 있어서 며칠 후에 딸의 스피치는 아마도 같은 연령의 미국인 아이보다 뛰어났던 모양이었는지 의기양양해져서 집으로 돌아왔다.

❹ 소리 내서 생각한다

다음은 좀 특이하지만 '소리 내서 생각하는 방법'이다. 영어로 '씽크 어라우드(Think Aloud)'라고 하는데 스스로 생각하고 있는 과정을 그대로 소리 내어 말하는 것이다. 전에 외무성에 근무할 때 어느 대선배가, "관리가 간부가 되려면 구술필기는 필수다"라는 말을 한 적이 있다. 머릿속으로 여러 가지 생각하거나 스스로 문장을 써서 이리 저리 고치다보면 어느새 답이 나오기도 하겠지만 그것과는 좀 다르다.

머릿속이 정리되어있지 않으면 갑자기 누군가에게 어떤 말을 하거나, 또는 그것을 문장으로 만드는 일은 불가능하다. '머리가 정리되어 있다' 라는 말은, 즉 소리 내어 생각할 수 있다면 사람들을 휘어잡거나 리더십을 발휘할 때도 유리하다는 뜻이다.

가끔 가만히 침묵하고 있다가 마지막에 결정적인 모습을 보여주는 타입의 사람이 있다. 그러나 이러한 타입은 전에는 우수한 사람의 특성처럼 보이기도 했지만 이제는 아니다. 현재 추세로는 '씽크 어라우드' 하는 사람이 실력이 있다고 할 수 있다. 다른 사람의 경우에도 그것이 힌트가 되어 논의의 초점이 나타나기 때문이다.

또 그것이 결국에는 채용되지 않는 생각일지라도 명시적으로 오픈해서 자신의 생각을 전개하는 것은 중요한 요소다. '라우드 씽커(Loud Thinker)' 는 팀으로 논의할 때 모든 사람들의 의견의 토대 역할을 담당한다.

❺ 산수로 생각한다

학교과목 중에서는 특별히 산수만 다루고자 한다. 내가 근무하는 와트슨 와이엇(Watson Wyatt) 채용시험에서도 산수문제가 출제되는데, 산수는 학력이 아니라 머리의 종합적인 능력을 검증하는데 매우 중요하다. 이때 어렵게 'x와 y의 대수' 등을 생각하지 말고 쉬운 산수문제로 생각하는 것이 중요하다. 아버지 자신도 명문중학교의 입시문제를 아이와 함께 풀어보자(아시는 바와 같이 그다지 유명하지 않은 중학교 문제에도 꽤 어려운 문제가 있다). 특히 아버지가 풀지 못한 문제를 아이가 풀었을 때, 아버지로서는 분하지만 아이에게는 상당한 자신감을 심어줄 수 있다(그래도 분하다!).

❻ '최신 지식' 보다 '기초능력' 이 중요하다

미국의 어느 기업의 기술담당 집행관리가 사내대학에 와 있던 엔지니어에게 다음과 같이 말했다고 한다.

"여러분의 커리어에 있어서 지식은 우유병처럼 되어왔다. 사용기한이 표면에 붙여져 있다. 대학에서 학점을 따도 그 수명은 2년도 되지 않는다. 그러므로 3년마다 지식을 모두 교체하지 않으면 자신의 캐리어를 부패시키고 결국에는 빈 병이 되고 만다."

'재력가가 되기 위해서는 어떠한 공부를 하면 좋은가?' 라는 질문은, '어떤 학교에 들어가면 좋은가?' 라는 학력주의보다는 한 걸음 앞서있다. 그러나 이 관리의 발언이 나타내듯이 지식으로서의 과목이나 분야는 점점 변해가고 있다. 그리고 우리가 학교에서 배웠을 때는 예상도 할 수 없었던 구조가 더욱 중요한 무기가 되고 있다.

예를 들어 지금 시점에서 '현재 가장 중요한 지식과 기술'을 꼽으라면 '마케팅' 과 'IT' 의 구조를 들 수 있다. 그러나 이 두 가지는 내가 학교에 다니던 시절에는 동시에 전공하는 일은 있을 수 없는 일이었다. 더구나 '게놈의 컴퓨터 해석'이라는 바이오 최첨단에서는 생물화학과 IT, 양쪽이 필요하다. 그러나 이것도 양쪽을 전공한 사람은 극히 드물다.

실리콘밸리에는 T셔츠의 등에 자신이 이루어낸 IT의 일을 경력으로 쓰고, 앞에는 일이 아니지만 커뮤니티 대학에서 공부한 바이오 관계의 지식 리스트를 쓴 사람도 있었다.

내가 이러한 이야기를 하고 있는 것은 아이에게 '어떤 과목을 중점적으로 공부해야 좋은가?'라는 질문에 대한 대답은 지금 시점에서 세상의 유행을 보아도 쉽게 결론내릴 수 없다는 것을 시사하기 위해서다. 그러므로 '기초능력'을 배우는 것이 필요하다는 것이다.

기초능력이라고 해도 여러 가지다. 그 중에서 가장 기본적인 기초능력, 보편적인 기초능력은 학습능력이다. 새로운 분야의 지식은 말하자면 응용소프트의 지식으로 점점 변화해 간다. 그러므로 지금 서둘러서 그것을 배우기보다도 우선은 OS(operating system. 컴퓨터 시스템의 전반적인 동작을 제어하고 조정하는 시스템 프로그램들의 집합)에 해당하는 부분의 지식이나 사고방식을 배우는 쪽이 중요하다. 그러려면 '일곱 가지의 재능' 전체가 필요하지만 그 중에서도 '학습능력을 배운다'라는 것에 초점을 맞추는 제5의 재능이 가장 중요하다.

또한 그 학습능력과 결코 떨어질 수 없는 것이 진정한 의미의

'기초적인 지식과 기술'이다. 이것에 관해서 내가 근무하는 와트슨 와이엇 사장, 단와 게이조(談輪 敬三) 씨는 다음과 같이 말했다.

"최신 응용소프트는 점점 변해가므로 그 격차를 해소해 갈 수밖에 없다. 오히려 중요한 것은 OS(기본 소프트)다. 생각하는 능력과 전달하는 기술이라는 OS의 높이가 일류 프로의 조건이다.

OS는 수학 외에 철학 기호논리학 등으로 논리적 사고법을 배우는 것이 중요하다. 또한 모든 것이 더 소프트화, 서비스화 되기 때문에 심리학이 더욱 중요한 요소가 된다. 컴퓨터 활용 능력이 없는 사람, 영어를 말하지 못하는 사람은 5년 후에는 혼자 뒤쳐진다는 것을 기억하는 것이 좋다. 분야의 차이는 응용소프트의 차이에 지나지 않는다."

제6의 재능 '리더십(영향력)'

남에게 하고자하는 의욕을 심어주고 함께 참여하는 중요성을
배우게 한다

■ 리더의 조건 '남에게 하고자하는 의욕을 길러주는 능력'

재력가의 제6의 재능은 '남에게 하고자하는 의욕을 심어주고
그 사람의 열정에 자신도 합류한다' 라는 것이다. 사실은 '남에게
하고자하는 의욕을 심어준다' 라는 것은 리더의 조건이기도 하
다. 재력가는 기업의 보스나, 프로, 일개 사원에 관계없이 모두
각자가 담당하는 곳에서 리더십을 발휘한다.

리더십이나 리더론에 관해서는 이전부터 여러 가지 형태로 집
필되어 왔지만 최근 10년 동안에 커다란 변화가 있었다. 그리고
이 변화는 아이를 키우는데도 상당히 중요한 의미를 가진다. 부
모가 아이를 어떻게 리드해야하는가 하는 의미에서도 중요하고,
아이가 어떻게 리더십을 터득해가는가 하는 의미에서도 중요하
다.

아이가 장래 재력가로서 활약하기 위해서는 자기 이외의 재력
가가 자신을 위해 움직여주는 관계가 필요하다. 물론 자신도 다
른 재력가를 위해 움직인다. 지금까지 보아온 새로운 리더론에

따라 상하관계가 아니라 수평적인 관계에서 사람을 움직이게 한다. 그것도 상대방으로 하여금 스스로 움직이게 하는 것이 가장 바람직한 일이다. 그리고 그 다른 사람의 움직임에 이쪽도 동참한다. '이쪽에서 시도하여 상대를 움직이게 하고, 상대가 움직이면 이쪽도 동참한다' 라는 정보상호교환이다.

아이에게는 상대와 상황에 따라 어떠한 사람의 움직임이 좋은지를 가르치면 이해하기 쉽다. 예를 들어 그 자리에서 즉시 해결해야 할 때(긴급사태), 마치 군대처럼 남에게 명령하여 그들을 움직이게 할 필요가 있다. 그것도 어떠한 동작을 구체적으로 취할지를 명확하고 짧게 전달하는 것이 중요하다.

또한 상대가 아직 익숙하지 않은 사람이거나, 수동적인 사람인 경우에는 역시 구체적으로 무엇을 어떻게 하는 것인가를 확실하게 전달할 필요가 있다. 반대로 상대가 상당히 자유스러워서 오히려 상대에게 맡겨버리는 것이 좋을 경우에는 관리자와 같은 움직임보다도 남에게 하고자하는 의욕을 심어주는 지도자적인 조직의 운영방법을 사용하게 된다.

또한, '주어진 테마에 따라 어떠한 사람에게 접근 할 것인가?' 하는 것도 가르친다.

만일 무언가 창조적인 일을 한다면 자율형 인재에게 접근해야 한다. 반대로 힘을 쓰는 일이라면 무조건 하는 말을 들어줄 사람을 찾게 된다.

■ '리더십'을 익히는 방법

❶ 체력과 인간 관계 능력을 기른다

이론 전에 우선 팀 안에서 배우는 경험이 절대적으로 필요하다.

요컨대 공통목적을 향해 협동하는 실제 체험을 10대 때 쌓는 것이다. 리더십도 마지막은 정신력 승부이기 때문에 만일 아이가 야구부나 축구부, 농구부에 들어가고 싶다고 하면 당연히 응원해야 한다. 문과계의 동아리도 물론 OK다.

입시용의 편차치는 세계적으로는 가치가 없지만 '체력과 인간 관계 능력'은 글로벌 경쟁의 필수품이다.

❷ 5단계의 접근법

사람에게 하고자하는 의욕을 심어주어 움직이게 하고, 더불어 이쪽도 함께 하기 위해서는 다섯 단계가 있다. '흥미' → '인물 감정' → '원조' → '그래그래, 그런 상태' → '함께 한다'와 같은 순서다. 특히 처음의 두 단계는 중요하므로 그 점을 중심으로 설명한다.

《단계 1》흥미를 가진다

우선, 남에게 흥미를 가지는 일에서 시작된다. 그 훈련으로는 아이와 함께 만난 사람들에 대해 서로 인물 평가를 해본다. 상식에 연연하면 '남의 단점을 말하면 안 돼' 라는 교육을 하기 쉽지만 그러한 규칙을 결정하기 전에 우선 나쁜 말이나 칭찬이라도 상관없으므로 다른 사람에 대해 느낀 점, 관찰한 사항 등을 이야기해본다.

대개 인간은 남의 이야기를 좋아한다. 아이끼리도 남의 이야기를 자주 한다. 사실은 이것은 인간이 생존해 가는 과정에서 본질적인 것이다. 자신의 편이 누구인지, 적이 누구인지, 누가 도움이 되는지, 방해꾼인지, 그것을 구분하기 위한 정보 수집을 거의 본능적으로 하고 있는 것이다.

《단계 2》 인물 감정

흥미를 느낀 상대방에 대해 상대의 상황을 파악하고 상대의 인물 됨됨이를 감정한다(제2의 재능의 현실직시의 일종). 상대의 장점, 이해(利害)관계, 기분 등이다. 이것은 분석이라고 하기보다도 직감적인 실제능력이다. 소위 머리가 좋은 사람이라도 이 부분이 부족한 사람이 있다. 바로 대인불감증이다.

전형적인 예는 학교 선생이나 대학 교수로, 자신의 강의가 재미없어서 학생들이 질렸다는 표정을 지어도 전혀 개의치 않고 어려운 이야기를 그것도 자신만만하게 펼쳐놓는 사람들이다. 그들은 지식이나 분석력은 뛰어나지만 상대가 자신의 이야기를 재미있다고 느끼는지에 대해서는 거의 못 느낀다. 혹은 학생이 어떻게 생각하고 있는지를 듣는 것이 무서운 건지도 모른다.

감정의 질을 높여가기 위해서도 처음에는 무조건 아이에게 어떤 사람에 관해 어떻게 생각하는지를 이야기하게 한다. 부모도 알고 있는 사람이 가장 좋다. 그리고 그 이야기를 들으면서 주로 두 가지 관점에서 조언을 한다. 하나는 그 사람에 대해 그처럼 감정하는데 충분한 정보를 갖고 있는가하는 점이다.

예를 들어 '캬멜군은 제멋대로인 데다가 금방 잘난 척하니까 싫어요. 나는 절대로 그 아이와는 놀고 싶지 않아요. 집에 놀러오라고 해도 안 갈 거야' 라고 아이가 말하면 왜 그렇게 생각했는지, 구체적인 예가 있는지를 물어본다. 그 사람의 행동이나 발언의 예를 들어보라고 하는 것이다. 절대로 '사람을 가려서 사귀면 안 돼' 라는 의견을 하지 않는다. 그 대신에 그 원인이 무엇인가를 부모가 아이와 함께 찾아보는 자세가 필요하다.

또 한 가지는 '인물 분류론' 이다. 판단자료가 되는 행동이나, 발언의 예가 꽤 많이 있어도 어떠한 타입이라고 판단하는 것은, 그 사람이 어떠한 '인물분류표' 를 갖고 있는가하고는 다르다.

아이들은 그냥 내버려두어도 혈액형 성격론이나 별자리 성격론, 동물 점성술의 성격론을 이야기한다. 그때 부모가 앞서서 자신이 갖고 있는 성격론, 인물 분류론을 소개한다.

이러한 성격 분류론은 제대로 사용하면 이 면에서 아이의 통찰력을 길러주는 효과가 있다. '제대로 사용하면' 이라는 말이 포인트로, 잘못 사용하면 고정관념에 빠지기 때문에 주의할 필요가 있다.

그러므로 분류 상자가 아니라 좌표축(座標軸)처럼 생각한다. 차이를 지워버리는 것이 아니라 오히려 그 좌표축을 알지 못하므로 남을 함부로 무시할 수도 없게 하는 것이다. 인물이해의 보조선과 같다. 그러려면 항상 '그러나 이러한 예외도 있단다. 반드시 그렇다고 단정 지을 수는 없는 거야' 라는 가설적인 견해도 함께 가르쳐 주어야 한다.

《단계 3, 4, 5》원조, 그 상태, 함께 하자

인물감정을 할 수 있다면 그 사람이 활동하기 쉽도록 돕는다. 장해를 없애거나 탁, 하고 등을 밀어주는 원조다. 그리고 그 사람이 활동하기 시작하면 "그래 아주 잘하고 있어" 하고 격려해준다. 마지막에는 "함께 하자"라고 말하고 자신도 그 활동에 참여한다.

'다른 사람과 함께 하면 재미있다' 라는 체험을 하게하는 것이 중요하다. 오해할까봐 겁내지 말고 이야기하면 '함께하는 즐거움' 을 알게 될 것이다. '남에게 의욕을 불어넣어주면 순조롭게 진행된다' 라는 사실을 체험시킨다. 다만 이것은 말은 쉽지만 행하는 것은 어려운 전형이다.

제7의 재능 '일하며 즐기는 능력'

'기쁨과 놀이 지대'를 발견하게 한다

■ 재력가는 놀이를 중요시한다

제7의 재능은 '일하면서 논다'라는 것이다. '일하면서 논다'라고 하면 부적절하다거나 비현실적이라는 등 여러 가지 의견이 들려올 것 같다. 그런데 재력가나 재력가 후보들은 내 예상을 뛰어넘어 놀이를 당연시하고 있다.

예를 들어보자. 와트슨 와이엇에서는 '미래 충격 세미나'를 최근 2년 동안 해마다 4, 5회 정도 개최하고 있다. 얼마 전 세미나에서는 연설자 겸 진행역할을 맡은 모리모토(森本) 씨가 참가자에게 예고도 없이 '놀이'를 주요 테마로 설정해버렸다. 당일, 참가자들은 여러 가지 의견을 내놓았다. 그리고 결국 비즈니스와 동시에 즐기는 놀이'라는 이미지가 떠올랐다. 당시에 나온 날카로운 의견이 지금까지도 기억에 남아있다. 그것은 '일을 하면서 계속 놀려면 상당히 질적인 놀이가 아니면 무리다'라는 의견이었다.

또한 세미나가 끝난 후에 사원들 사이에서 '비즈니스가 가장 재미있는 놀이야. 게임이나 겜블 보다도 당첨될 확률이 낮기 때문에 그만큼 위험률도 높거든'이라는 이야기도 나왔다.

앞으로의 경제를 생각하면 돈을 버는 것은 넓은 의미에서 '놀이'에 해당된다. 사람들의 기본적인 욕구를 만족시키는 부분은 생활필수품(이미 어디든지 있는 것)이다. 따라서 생활필수품으로 돈을 버는 것은 상당히 어려워졌으므로 생활필수품이 아닌 다른 것으로 돈을 벌어야 한다. 없어도 좋은 놀이이므로 유행도 있고, 유행하니까 큰 변화도 생겨서 돈을 벌 수 있는 기회도 생겨난다. 생활필수품은 그다지 크게 달라지지 않는다. 이런 부분을 보더라도 경제나 비즈니스에서 놀이의 부분이 크게 확대되었다는 사실을 알 수 있다.

어려운 이야기는 접어두고서라도, 우리들은 놀이라면 계속 할 수 있다. 스스로 마음대로 동기 부여하여 계속 할 수 있다. 게다가 재미있다. 마치 아이들의 세계 같다. 놀이에서 태어난 자연스런 기쁨보다 나은 동기는 없다. 그런 의미에서 재력가는 일을 놀이로 생각하고 있다. 그래서 보통사람이라면 놀랄만한 노력과 에너지가 나오는 것이다. 이렇게 비즈니스를 재미있는 놀이라며 기뻐하고 있는 사람에게 싫은 것을 참으면서 하고 있는 사람이 이길 리가 만무하다. 사실 이런 식으로 놀이를 일로 할 수 있느냐하는 것은 재능 계발에서 상당히 중요한 위치를 차지한다.

동시에 놀이는 결코 적당히 하면 안 된다. 진지하게 빠져드는 놀이야말로 진검승부다. 그리스나 로마, 중국에서도 놀이는 목숨을 건 것과 같다. 현대에서도 놀이로 신세를 망치는 사람이 있다.

또한 네덜란드의 철학자 요한 호이징거라는 사람이 통찰했듯이 '놀이의 본질은 사실은 문화의 본질'이기도 하다. 비즈니스에 있어서 놀이라는 테마는 놀면서 진지하게 추구해야할 테마다.

그리고 아이는 본래 놀이를 좋아한다. 이것은 인간에게만 해당되는 이야기가 아니라 동물들도 마찬가지다. 놀이에는 인간을 포함한 동물들이 살아가는데 필요한 기능이 있다. 아이들은 놀이를 통해 장래 필요한 기술이나 지식을 터득해 간다. 그러므로 어른이 근시안적으로 '놀이는 공부에 방해가 된다'라고 생각하는 것은 상당히 위험하다. 이 항목에서는 특히 노하우는 필요 없다. 부모가 아이의 놀이를 방해하지만 않으면 된다. 오히려 아이가 놀이를 찾아낼 수 있는 기회를 만들어 주는 것이 중요하다.

또 놀이는 일반적으로 기본적인 놀이, 꿈을 꾸는 놀이, 다른 사람과 즐기는 놀이, 혼자서 즐기는 놀이, 위험한 놀이 등 여러 가지 있다.

《톰 소여의 모험(The Adventures of Tom Sawyer)》에서 밤중에 집을 빠져나가려다 아주머니에게 들킨 톰은, 벌로 휴일에 집의 담벼락을 하얀 페인트로 칠하게 되었다. 처음에는 어쩔 수없이 페인트를 칠하면서 비참한 기분이 된 톰에게 좋은 아이디어가 떠오른다. '그래, 이 일을 놀이로 바꾸자' 하고 말이다. 그뿐만 아니라 톰이 즐겁게 페인트칠을 하고 있는 것을 본 친구들이 몇 명 다가와서 톰에게 페인트칠을 하게 해달라고 부탁한다. 톰은 대신에 친구들에게서 '보물'을 받는다.

취미에 몰두해 있으면 즐겁고 시간이 지나는 것도 잊어버린다는 경험을 할 때가 많다. 취미는 기쁨의 지대다. 또한 취미는 단순히 즐거울 뿐만 아니라 취미를 능숙하게 만들기 위해 계획하거나 노력하기도 하고 동료를 만들기도 한다(사람을 리드하는 재능, 실패와 성공을 조절하는 재능과 통한다). 더구나 능숙해지기 위해서는 연습을 계속해야한다는 것도 배우게 된다.

아이가 게임이나 카드의 이름을 열심히 즐기면서 기억하기도 하고, 집중력을 발휘해서 모형을 만들거나, 그림을 그리는 모습을 보고 있으면 학교 공부와는 관계없이 장래 재력가로서 이름을 날릴 수 있는 잠재력을 보는 것 같다. 취미생활에 익숙해지는 것은 아이에게 프라이드나 달성감, 동료 만들기, (넓은 의미에서의) 학습의 중요성, 등을 자연스런 형태로 가르치게 된다.

■ 놀이가 필요한 '세 가지 이유'

왜 놀이가 필요할까? 나는 세 가지 이유가 있다고 생각한다.

하나는, '돈버는 사람의 본질적인 특징과 놀이의 특성이 일치한다' 라는 것이다. 놀이에 관한 재미있는 심리학 실험이 있다. 문제해결 게임의 참가자를 모집하여, 한 그룹에는 게임에 참가하는 것에 대한 보수를 제공하고, 다른 그룹에는 보수를 주지 않는다. 그리고 게임을 할 시간과 쉬는 시간을 설정한다. 그러면 보수를 받는 그룹보다도 받지 않는 그룹 쪽이 쉬는 시간에도 게임을 계속했다고 한다.

그렇다면 왜 같은 놀이인데도 보수를 받는 쪽은 즐겁게 할 수 없는 것일까? 보수(외적 보수라고도 한다)를 받으면 게임을 하는 즐거움이라는 내적인 동기부여가 오히려 약해져 버리기 때문이라는 것이 심리학자의 해설이다. 실제로 게임이나 취미, 스포츠가 놀이인 것도 스스로 그것을 하려고 선택하고, 하면 할수록 능숙해져서 재미있어진다는 이점이 있기 때문이다. 놀이의 키워드는 '자발성과 성장'이다. 그리고 이 자발성과 성장은 재력가의 특성과 일치한다.

두 번째는 '인간은 놀이를 통해 장래 필요한 기술이나 지식을 배운다'라는 것이다. 이것은 인간뿐만 아니라 동물들에게서도 볼 수 있다. 아이는 놀이라는 안전한 환경 속에서 장래의 더 위험한 환경에 있어서의 생존 게임의 시뮬레이션을 행하고 있다. 놀면서 싸움 기술도 익히고, 규칙을 지키는 일이나, 창조성의 균형도 배운다. 또한 이기려고 하는 의지나 이기는 기쁨도 배운다. 또한 기분 좋게 패배하는 법(GOOD LOSER)도 배우고 자신감도 키운다.

세 번째는 '놀이가 창조의 근원'이라는 점이다. 놀이는 단기적인 목적을 갖고 있지 않다. 일의 세계에서 보면 놀이는 놀이에 지나지 않는다. 그것으로 밥을 먹고 살 수는 없다. 그러나 일상적인 것을 탈피한 놀이는 새로운 발견이나 발명, 기술혁신을 만들어낸다.

'아이와 같은 순수한 현인(Childlike Sage)' 으로 불리는 근대물리학의 아버지 뉴턴은 자신의 과학적 발견에 대해 다음과 같이 말한다.

"나는 내가 세계에서 어떻게 보이고 있는지는 모른다. 그러나 내게 자신은 그저 한 아이가 아직 발견되지 않은 위대한 바다가 내 앞에 펼쳐져있는 해안가에서 놀면서 때로는 미끈한 조약돌을 줍거나, 예쁜 조개를 줍고 있는 것처럼 생각된다."

DNA의 이중나선구조를 발견한 와트슨과 클릭도 놀이적인 분위기에서 위대한 발견을 했다. 최고의 아이디어는 영국의 케임브리지대학 내의 술집에서 즐거운 점심을 먹을 때의 대화나, 아름다운 캠퍼스 안을 산책할 때 떠올랐다고 했다. '아이가 장난감처럼 색깔 구슬을 이용해서 분자모형을 만들며 놀다가 운 좋게 완성된 것이 이중나선구조다' 라고 그는 말했다. 실제로 과학자의 예뿐만 아니라 최근 게임산업 등을 보면 놀이의 위력은 명백하다.

■ '일하며 노는 능력' 을 익히는 방법

❶ 아이를 방해하지 않는다

아이는 혼자 내버려두면 논다. 그러므로 놀이의 기쁨을 아이가 발견할 수 있도록 부모가 해야 할 일은 방해하지 않는 것이다. 내 아들의 경우, 아기 때부터 '기차명상'을 하고 있었다. 엎드려서 장난감 신칸센을 '칙칙폭폭' 하면서 혼자서 앞뒤로 움직였다. 그럴 때마다 아내와 나는 아이 곁에 가까이 가기가 그래서 그대로 두었다. 그렇게 아이는 30분 정도 혼자서 어떤 세계에 몰입해 있는 것 같았다.

유치원에서 초등학교에 들어갈 때쯤 되자 '기차명상'은 블록놀이로 바뀌었다. 자신의 방에서 혼자서 무언가를 제작했다. 이때는 우리들이 방에 들어가려고 하면 '들어오지 마세요'라고 말하고, 자신의 시간과 공간을 완전히 확보하고 있었다. 역시 30분에서 한 시간정도였다. 그 후, 블록이 더욱 정밀해졌고 나중에는 프라모델로 바뀌었지만 혼자서 노는 것은 마찬가지였다.

그런데 재미있는 것은 공부는 혼자서 하지 않았다. 아들은 자신의 방에 대해 마치 그곳이 무언가를 만드는 아틀리에와 같은 느낌을 가진 듯했다. 내게는 물건을 만드는 재능이 없기 때문에 상당히 부러운 생각도 들었지만 한편으로는 아들에게 무슨 문제가 있는 것은 아닐까 걱정했다. 그러나 내가 애니아그램(사람을 알 수 있는 아홉 가지 방법. 완벽주의자, 돕고 싶어 하는 사람, 성취욕이 강한 사람, 낭만적인 사람, 관찰을 좋아하는 사람, 호기심이 많은 사람, 모험심이 많은 사람, 주장이 강한 사람, 평화주의자)을 배우기 시작하면서는 이것은 타입 5의 '씽커(Thinker)'의 전형적인 사고와 행동 특성이라는 것을 알았다. 아들은 이 제작놀이를 제외하면 따로 고립해있지도 않았고, 친구도 많이 있는 편이어서 오히려 이 '제작놀이'를 계

138

속해주기를 바랐다.

❷ 아이에게 맞는 놀이 찾기를 돕는다

대부분의 부모는 배우는 것을 포함해서 취미, 놀이, 스포츠, 음악과 같은 분야에서 '아이가 무언가 즐기며 집중할 수 있는 것을 찾아주자' 하고 여러 가지를 시도한다.

그리고 이때는 가능한 한 여러 가지 기회를 주는 방법과, 무언가 하기 시작하면 어느 부분까지는 그것만 집중해서 하게 하는 방법의 균형을 맞추는 것이 중요하다. 바로 '선택과 집중' 이다. 많은 사람들이 이미 시도하는 일에 구태여 내가 덧붙일 말은 없지만 이것은 중요한 일이기 때문에 거론한다.

❸ 아이에게 권한다

부모가 놀이나 취미를 함께 하자고 권유하는 것도 자연스런 현상이다. 이것도 중요하지만 상식적으로 행하여지고 있는 일이므로 더 이상의 설명은 필요 없다고 생각한다.

❹ 놀이를 함께 만든다

놀이를 아이와 함께 만들어 가는 것은 자주 있는 일이다. 우리 집에서는 다음과 같은 놀이가 고전적이 되었다. 자연적인 메시지, 스토리 릴레이, 눈을 가리고 찾기, 로켓 · 터치볼, 개그 터치볼 등이다. 대개는 내 아이디어에 아이가 의견을 내놓아 바꾸어

나갔다. 간단히 할 수 있는 것을 두 가지만 소개하고자 한다.

하나는 스토리 릴레이다. 이것은 내가 잡지에서 영화감독 스필버그가 가족과 하고 있는 이야기에서 힌트를 얻었다. 예를 들어 내가 실화나 창작에 상관없이 무언가를 이야기하기 시작한다. "간다군은 여름방학에 미국으로 가게 되었다. 그래서 비행기를 타고"까지 말한 부분에서 딸이 손바닥을 친다. 그렇게 하면 나는 거기서 이야기를 멈춘다. 그리고 아들이 "하늘을 날았다. 식사시간이 되었지만 맛있는 것이 없어서 스스로 요리를 시작했다. 비행기 안이지만" 여기서 내가 손바닥을 친다. 그리고 딸이 "간다군은 요리 상자를 갖고 가서 요리를 시작했다"와 같이 이야기 중간에 잘라서 다른 사람이 연결해 간다. 스토리가 진행될수록 연속으로 폭소가 터지기도 하고 굉장히 재미있는 공상이야기가 전개된다.

또 하나는 개그 터치볼이다. 이것은 아들이 초등학교 4학년 때 친구가 놀러 왔을 때에 했던 터치볼이다. 나는 사람을 놀리는 취미가 있어서 아이들 중에 재미있는 애가 있으면 그 아이의 동작을 흉내 낸다. 그것을 터치볼하면서 한다.

예를 들어 오랑우탄의 흉내를 낸다. 아이는 곧바로 반응하고 "이번에는 히라노(平野) 선생님" 하고 말하고 자신들의 담임선생이 되어 터치볼을 한다. 모두 알고 있는 누나의 흉내를 내기도 한다. 동작이나 말투를 흉내 낸다. 이것을 길 위에서 하다보면 어느새 길을 지나던 아주머니 등이 모델이 되기도 한다.

이 게임을 하다보면 아이들 중에 굉장히 센스가 뛰어난 행동이나 흉내를 내는 아이가 있다. 그러면 그 행동이 새로운 역할 모델이 되어서 모두가 그것의 변형을 시도한다. 그렇게 30분 동안 하는 동안에 상당히 게임의 질이 높아진다. 경쟁게임이 어느새 공동제작 게임이 되는 것이다.

■ 일곱 가지 재능을 함께 사용하면 효과는 배가 된다

지금까지 상당히 자세하게 '일곱 가지의 재능'에 관해서 살펴보았다. 너무 많은 내용에 압도되어서 내게는 무리다, 내 아이에게 가르치는 것은 더욱 무리다, 라고 생각하는 분도 있을지 모른다. 그런 분은 내용은 잊어버리고 '일곱 가지의 재능'의 이름만 보도록 하자. '일곱 가지의 재능'은 다음과 같이 흘러간다. '꿈 → 현실 → 꿈과 현실을 연결한다 → 실패에 대한 대처방안'이 중심 라인이다. 그리고 '사람 · 정보 · 의욕(놀이)', 이 세 가지 재능이 더 효과적으로 그것을 지탱하고 있다.

'일곱 가지의 재능'을 판단하는 가장 좋은 방법은 누군가 알고 있는 사람(자신, 동료, 유명인 등) 중에서 비즈니스 재력가라고 할 수 있는 사람을 선택하여, 그 사람이 이루어낸 것을 살펴본다. 그러면 그 성공 속에 꿈 · 현실 · 결합 · 실패의 주요 스토리와, 그것을 도와주는 사람의 정보 학습, 놀이에 대한 마음 등이 보일 것이다.

만일 그러한 이미지가 떠오르지 않는 사람도 걱정할 필요는 없다. 여기서 말한 내용을 당신의 아이에게 적용해보면 '일곱 가지의 재능'의 발휘를, 예를 들어 미숙한 형태라도 상당히 쉽게 할 수 있다. 불필요한 것을 제외하면 꽤 자연스럽게 떠오르게 된다.

또한 어떤 사람이라도 잘하는 재능과 못하는 재능이 있다. 꿈이 너무 앞서나가는 사람도 있고, 오로지 현실을 직시하는 비평가도 있을 것이다. 자신 속에 아이디어를 숨겨놓고 꺼내지도 않는 사람도 있고, 무조건 사람을 끌어들이는 사교가도 있을 것이다. 그렇기 때문에 '일곱 가지의 재능' 중에 어떤 부분은 잘할 수 있고 또 어떤 부분은 미숙할 수가 있다.

그런데 '일곱 가지의 재능'은 미숙한 부분이 효과적인 힘을 발휘할 수 있도록 서로 도와준다. 대용도 가능하다. 현실직시가 강한 사람이 미숙한 부분에서 꿈을 발견할 가능성도 있다. 이 경우, 약점을 현실직시해서 어떤 방법으로 보충하면 재력가가 태어난다. '넉 아웃의 요인'이라는 것도 있다.

■ '일곱 가지의 재능'의 조화를 지향한다

'일곱 가지의 재능'은 독립해 있지만 서로 영향을 준다. 그렇기에 한 가지 재능이 두드러지면 다른 것을 함께 끌어당길 수도 있는 반면에 한 가지 재능이 너무 약하면 나머지 재능을 방해할 수도 있다. 따라서 재력가라면 오케스트라의 지휘자처럼 전체를 능숙하게 지휘할 필요가 있다.

　또한 각 재능은 다른 재능과 통해있다. 꿈이 뛰어나면 그것은 현실을 날카롭게 바라보는데(제2의 재능)도움이 되고, 해결책(제3의 재능)도 보인다. 강한 꿈은 실패를 극복하는(제4의 재능) 위력도 갖고 있다. 또한 꿈은 사람을 움직이는 힘(제6의 재능)도 겸하고 있다. 물론 꿈은 효과적인 학습 지침이 될 수 있다. 그러므로 꿈을 이루기 위해 하는 행동은 충실감과 즐거움을 준다.

　현실을 통찰하는 재능도 마찬가지로 다른 모든 재능과 통해 있다. 현실을 통찰하면서 '현실'에 집중하면 자신이 본래 하고 싶었던 일이나 해야 할 일이 보이기 시작한다(제1의 재능). 현실 속에 정답도 있다(제3의 재능). 그리고 현실에 집중하고 있는 한, 지금, 여기에 집중하고 있는 한, 실패하고 주저앉아있을 틈도 없다. 관계자의 현실을 확실히 파악하면 관계자를 움직이는데 도움이 된다. 현실은 학습이다. 그리고 현실이야말로 즐거움의 원천이기도 하다.

　다른 재능도 마찬가지로 그 외의 모든 재능에 통하는 길을 그릴 수 있다. 그러므로 어떠한 재능이 특별히 훌륭할지는 알 수 없지만 서로 연결되어있다.

　'일곱 가지의 재능'을 산수 다음에 국어, 그 다음에 영어, 과학, 사회라는 순서대로 학교과목을 배우듯이 학습하는 것은 의미가 없다. 재력가는 '○○의 재능을 배우자'라는 생각으로 익히는 것이 아니다. 재력가의 행동이나 사고를 관찰하고 분석적으로 적출한 것이 '일곱 가지의 재능'이다. 어떤 문제에 직면했을 때, 어떠한 재능을 이용하여 문제를 풀지는 문제가 안 된다. 무조건 풀면 된다. 재력가에 따라 그것을 현실직시로 푸는 사람도 있고, 사람을 움직여서 푸는 사람도 있다. 실패를 잘 이용하여 문제를 푸는 사람도 있다. 그러나 대부분은 아마도 몇 가지를 잘 조합해서 문제를 풀 것이다.

세상을 살아간다는 것은 어떤 문제를 설정하고 그것을 해결하는 것이라고 할 수 있다. 문제해결이 잘 안 될 때는 '일곱 가지의 재능'의 어딘가에 문제가 있었는지를 확인한다. 그리고 문제의 재능을 키워나간다. 혹은 반대로 문제해결이 잘 되었을 때는 그에 공헌한 재능을 확인하고 자신감을 갖고 그 재능을 더욱 유효하게 사용하는 장면을 생각한다. 긍정적으로 살아가는 것이 문제해결이라면 '일곱 가지의 재능'을 연습해서 사용할 기회는 무한대다.

8. '장(場)'의 감성을 연마한다

■ 인간의 성격형성이나 행동에 영향을 미치는 환경

솔직히 말하면 사람의 행동은 그 사람이 갖고 있는 것(예를 들어 성격이나 재능)과, 그 사람이 처한 상황(환경)으로 결정된다. 말하자면 재력가의 재능은 본인이 갖고 있는 것이다. 지금까지는 주로 이러한 이야기를 해왔다.

그러나 재력가가 재력가다운 행동을 취하려면 '상황'이 상당히 중요하다. 나는 여기서 상황(환경)이라는 단어에 자신의 힘으로 바꾸거나 선택할 수 있다는 의미를 포함하여 수동적인 말인 '장'으로 바꿔 사용하겠다(일단 상황이나 환경과 같은 의미로 생각하자). 특히 인간의 성격형성이나 행동에 영향을 미치는 '환경'을 '장'이라고 한다. 장의 상태에 따라 같은 재능을 가진 사람이나 같은 성격의 사람이라도 취하는 행동이나 사고, 기분은 바뀐다.

장을 감각적으로 붙잡기 위한 몇 가지 예를 들어보자.

"아침에 일어났을 때는 일을 하고 싶은 마음이 없는데 회사에 오면 의욕이 생긴다."

"회사에 있으면 정해진 일은 할 수 있지만 아이디어는 나오지 않는다. 생각이 막혔으니까 공원에 산책하러 가자."

"리조트에서 바다를 보고 있으면 새로운 아이디어가 막 떠올랐

145

다.”

"외국여행을 가면 한 걸음 내딛는 순간, 무언가 느껴진다."

"성지라고 불리는 곳에 가면 왠지 신성한 기분이 든다."

"세미나 강사인데 어느 회사의 간부모임에 갔었다. 밝은 이야기를 하면 분위기가 싸늘한 것 같았다."

"저 손님한테 가기 전에는 몸이 무거웠는데 이야기하다보니까 상태가 좋아졌다."

"그가 조금만 회의에 늦었더라면 그런 결정 할 수 없었을지도 모른다."

"이 회사에 오면 왠지 피곤하다."

"성격이 어두운 과장 뒤에 성격이 밝은 과장이 오면 사무실 분위기는 왠지 밝아진다."

"부장이 없으니까 마음이 편하기는 한데 결론은 나오지 않는다."

"그녀가 들어오니까 모두 왠지 즐거워하는 것 같다."

"회의에 새로운 멤버가 들어오기만 해도 회의 분위기가 바뀌었다."

"휴일인데 혼자 출근했어. 보통 때 회사 분위기랑 사무실 분위기가 다르다."

"사람들로 붐비는 번화가와 이른 아침 사람이 없는 번화가는 장소는 같지만 분위기가 전혀 다르다."

■ 왜 장(場)이 중요한가?

심리학 외의 학문에서 인간의 성격이 태어날 때부터 갖고 있는 것인지, 아니면 환경에 의한 것인지 줄곧 논쟁이 되어왔다. 그런데 오늘날은 그 양쪽이 다 성격에 영향을 미친다는 것이 통설이 되었다.

예를 들어 일란성 쌍둥이를 자라는 환경을 달리해서 환경이 그 성격이나 행동에 어떠한 영향이 미치는지 여러 가지 연구가 이루어졌는데 환경의 영향이 상당히 크다는 것을 알게 되었다.

조금은 속된 표현이지만 거의 같은 유전자를 갖고 있는 경우에도 환경에 따라 그 유전자의 효과가 발현할지 어떨지가 결정될 것이다.

장을 제대로 만들어 주면 그 장의 힘에 따라 재력가 '미만' 의 사람이 마치 재력가처럼 행동할 수 있고 후에 그 장에서 떨어져도 혼자 힘으로 재력가로 행동할 수 있게 된다.

또한 인간의 하나의 특성으로써 자신이 생활할 환경을 스스로 선택할 수 있다. 더구나 그 환경을 어느 정도 스스로 바꾸어 갈 수 있다. '환경'과 '자신' 사이의 상호작용으로, 자신이 주인공인 드라마가 탄생하는 것이다.

그러한 상황에서 가장 영향이 큰 것은 잠재력을 자극해서 개화시키는 '만남의 기회', '만남의 장'이다.

인지심리학자 하워드 가드너(Howard Gardner 하버드대학의 교육심리학과 교수. 다중지능(Multiple Intelligence)이론의 창시자)는 각종 재능 (Intelligence)을 개화시키려면 '크리스탈리징 익스페리언스 (crystallizing experience)'가 필요하다고 한다. 바로 '눈의 콩깍지' 체험이다.

르누아르(Renoir, Auguste, 프랑스의 화가)도 어떤 체험을 하기 전까지는 그저 그림의 기본을 어느 정도 알고 있는 단순한 기교가였을 뿐이다. 그런데 어느 날 이노센스라는 곳에서 조각을 보고 그때 세계가 열렸다. 새로운 세계를 발견한 것이다. 수학자 가우스는 어느 기하학 책 속에서 새로운 세계를 발견했다. 또한 선종 (禪宗)에 '졸탁(卒啄)의 시(時)'라는 말이 있다. 어미 새가 새끼가 부르는 소리에 맞춰서 절묘한 타이밍에 알을 밖에서 두드림으로써 기를 얻어 빨리 나오게 하는 것이다.

기업의 인재계발에서도 장을 어떻게 만들지에 관해 초점이 모아지고 있다. 기업이 인재계발을 할 때도 그 배움의 장을 어떻게 만들지는 상당히 중요하다. 배우는 것은 사원 개개인이지만 기업은 그러한 배움의 기회를 사원에게 제공하면서 미래의 재력가를 키우는 공헌을 하는 것이다.

■ 아이에게 맞는 '장'을 어떻게 발견하여 만들까?

어렵지만 가장 재밌고 효과가 큰 부분이 바로 이 '장'이다. 요컨대 직접 경험해야 하는 것이므로 실제로 일어날 때까지 모른다. 그렇기에 그러한 경험의 기회를 만들어 주어야 한다. 그리고 무언가 징조가 있다면 그것을 지속시킨다. 그러려면 관찰을 해야 한다. 바로 사전평가가 필요한 것이다.

실제로 우리는 어른을 포함하여 개화되지 않고 소멸되는 잠재력을 꽤 많이 가지고 있다. 미발현의 유전자 이야기라고 하면 논리적 비약이지만 비슷한 일이 재력가에게도 있다고 생각된다.

장소와 장은 깊게 관계하고 있지만 같지는 않다. 장소에 누가 있는지, 장소에서 자신이 어떠한 태도로 살아갈지, 일에 따라 장은 변한다. 재력가의 잠재력을 개화시키려면 나름대로의 마음의 준비와 열정이 필요하다.

❶ 자신이 일등이 될 수 있는 장을 찾아내는 능력

자신이 활약할 수 있고, 장기를 사용할 수 있을 것 같은 곳을 찾아내는 능력은 중요하다. 처음에는 부모가 만들어 주어야 할지도 모른다.

❷ 본보기의 조립방법을 가르친다

장은 어떤 의미에서 '일곱 가지의 재능'을 구체적으로 실현하는 본보기 재능인이 모인 곳이다(반면 교사적인 반대의 본보기도 포함해서). 아이에게만 한정된 것은 아니지만 우리학습의 상당부분은 남의 예를 보고 배우는 학습, 대리학습이다. 나는 원래 무슨 일이든 자신이 직접 체험해서 배워야 한다고 생각했지만 요즘은 타인의 체험에서 배울 때가 많아졌다. 간접체험도 상당히 중요하다고 생각하기 시작했기 때문이다. 한 명의 본보기로는 불충분하므로 각 분야에 해당되는 사람을 한 명씩 정하여 본보기의 몽타주 사진을 만들면 효과적이다.

❸ 전문분야를 어떻게 할 것인가?

마지막으로 상당한 확대해석이 되지만, '자신의 전문분야를 무엇으로 할 것인가' 라는 것도 중요한 장의 선택이다. 전문분야에 따라 어떠한 지식의 장에 몸을 맡길 것인지도 변한다. 여기서도 역시 자신이 일등이 될 수 있는 분야(아무리 좁아도), 자신에게 맞는 부분을 선택할 수 있을지의 여부가 열쇠를 쥐고 있다.

❹ 해외 경험에 관해

해외에서의 경험은 '장' 의 관점에서도 귀중하다. 그러나 '외국에 가지 않으면 안 되는가?' 하면 반드시 그렇지는 않다. 기업 인터뷰를 하다보면 해외에서 몇 년씩 생활한 사람도 있고, 나보다 훨씬 해외경험이 오래된 사람도 있다. 젊은 시절부터 그것도 뉴욕이나 런던, 파리와 같은 문화적으로 상당히 자극적이고 일도 재미있을 것 같은 곳에 다녀온 사람이 있다.

그러나 대부분은 그냥 그 나라에 있었을 때와 별반 다를 것이 없다. 오히려 변화가 없도록 회사 쪽에서 막기 때문에 결국 본인도 회사 방침에 따른다.

미국의 투자처에서 최첨단 통신관계의 일을 하고 있던 사람이 본국에 돌아오면 어딘가의 지점장으로 가게 된다. 본인은 좀더 세계적으로 기여할 수 있는 일을 하고 싶어 하는데도 무시하고 지방으로 발령 내버리고 마는 것이다. 그런데 더욱 재미있는 것은 그 기업이 전략상 국제화를 내걸고 "인재가 부족하다, 인재가 부족하다" 하고 항상 이야기한다는 사실이다.

■ 아이에게 스스로 선택할 수 있는 자유를 준다

아이를 재력가로 키우는 시대가 오면서 역시 학교에 따라 교육 방법이나 수준에 차이가 나타나기 시작했다. 내가 아는 사람들 중에는 엄마역할을 충분히 해내면서 커리어우먼으로서 활동하는 사람이 많다. 그녀들로부터 비즈니스사회의 눈과 엄마의 눈으로 본 아이들의 교육 세계에 관한 이야기를 들으면 여러 가지 생각을 하게 했다.

예를 들어 어느 유치원은 선생님이 항상 '아이의 눈으로 보면 어떨까?' 하고 생각하는 일에서부터 출발한다. 아이라는 '고객'의 시점에서 항상 발상을 한다. 예절을 가르치기 전에 우선 아이의 이야기나 희망을 귀 기울여 들어주고, 그 실현을 도와줌으로써 신뢰를 쌓아가고 있다. 모든 아이를 같은 시계로 움직이게 하려고 하지 않고 모두가 의자에 앉아있을 때에 혼자만 걸어 다녀도 상관없다. 모두가 뛰어다닐 때에 혼자만 모래사장에 있어도 주의를 주지 않으며, 그림을 그리는 시간이 끝나도 계속 그리고 싶으면 그리게 한다.

그리고 엄마에게도 만일 아이와 함께 양말이나 속옷을 사러 갔을 때는 아이의 취향도 물어보고 선택할 것을 권하고 있다. 그렇게 하면 아이가 스스로 선택하고 자신이 준비할 것을 기억하기 때문이다. 아마 센스도 생길 것이다. 그렇게 자유를 존중하는 것을 통해 아이에게서 신뢰를 얻으면 그 후에 "모두와 함께 하는 것도 즐겁다"라든가, "시간 배분을 생각하는 것도 중요하다"라는 질서를 가르쳐 나간다.

그런데 이러한 교육을 받은 아이가 그 유치원과 전혀 관계가 없는 초등학교에 진학하면 다른 문화나 질서를 접하게 된다. 그리고 무엇이든지 질서에 따라야 한다. 선생도 질서나 예절을 교육이라고 생각하게 되면 '아이가 어떠한 눈으로 보고 있는가?'라는 것은 2차적인 문제가 된다. 결국 선생이 옳다고 생각하는 것을 반 아이들에게 일률적으로 주입시키게 되고 그것을 따르지 않는 아이는 계속 주의를 받게 된다.

■ '복잡한 조직' 에서 '단순한 조직' 으로

우리들은 현재의 비즈니스에 두 개의 승리패턴이 있다고 생각한다. 하나는 세븐 일레븐이나 맥도날드로 대표되는 모델로, 이것을 '구조의 창조조직' 이라고 이름 붙이고 있다. 또 하나는 실리콘밸리의 벤처 창업이나 컨설팅 회사, 벤처캐피탈 등으로 대표되는 모델이다. 이것을 '아메바 증식 조직모델' 이라고 부른다.

구조 창조형 조직에서는 구조가 가치를 창출하고 승리를 일구는 경쟁력의 원천이다.

그래서 구조가 철저하게 만들어지는데, 이 돈을 버는 구조는 시장가치가 3밖에 없는 사람에게 7의 가치를 만들게 하는 시스템이다.

반면에 아메바증식조직에서는 자유와 자기책임의 자율경영을 실시한다. 여기서는 가능하면 구조는 만들지 않는 대신에 인재 창출이나 고도의 전문성이 가치의 원천이 된다. 그리고 그러한 프로 인재를 끌어다가 동기부여를 하여 그들을 성장하게 만든다. 그러므로 대부분의 멤버가 재력가가 된다.

그런데 학교나 입시제도는 모두 상자형 조직이므로 구조 중시의 장이라고 할 수 있다. 그곳에서는 일정한 성능만이 문제가 되므로 확실하게 그것을 계획할 수 있다. 편차치가 바로 대표적인 전형이다. 학교에 있는 체육 동아리의 그룹 등도 구조조직이다. 그곳에는 서열이 상당히 중요하고 실력이 없어도 선배는 선배다.

유감스럽게도 지금의 아이들에게 아메바적인 조직, 아메바적인 장은 거의 없다. 아마 과거의 성공에 따른 결과인지는 모르나 믿을 수 없는 곳까지 제도화되어 버렸다. 그래서 설령 상자에서 나가도 그 아이가 살아가려면 자신이 하고 싶은 일을 추구하기 위한 아메바 조직이 필요하다. 자신뿐만 아니라 다른 아이들도 같이 하고 싶은 일을 추구하는 장이 필요하다.

　나는 그러한 것을 앞으로 만들어 가고 싶다고 생각하고 있지만, 그러려면 가장 먼저 내 가정을 아메바조직으로 만드는 것이 중요하다고 생각한다. 그곳에는 부모와 아이의 구별 없이 부모도 하고 싶은 일을 한다. 다만 자율적인 사람이 만든 아메바조직이 아니면 무질서화 되어 집안이 온통 어지럽혀지고 만다. 요컨대 자율이 동반되지 않은 자립만으로는 무질서화 되고 만다는 것이다. 이 부분의 전환을 할 수 있는지가 과제가 된다.

9. '엄격함' 으로 다스린다

■ 아이와 '이것만은 절대로 안 돼' 라고 논쟁을 벌인다

비즈니스 재력가의 계발 제9조는 지금까지와는 정반대다.

지금까지는 '긍정' 의 철학으로, '그러한 것을 키워주자' 라는 것이었지만, 이 9조는 '아이가 절대로 해서는 안 된다' 라는 것이다.

지금 세계를 보고 있으면 '절대로 해서는 안 되는 것' 과 '해도 좋은 자유' 의 의견이 뒤섞여서 도리어 긍정·자유의 세계도 제 멋대로가 되어버린 느낌이다. 부모로서 때로는 아이에게 '이것만은 절대 안 돼' 라는 의견을 내놓는 것이 중요하다.

이 '엄격함' 은 결정적으로 나를 포함해서 최근의 아버지들이 잃어버린 결함이다.

그러므로 이 결함을 고치기 위해 '캬멜의 5계명' 을 생각했다.

제1조에서 제8조까지 이야기 해 온 것은 어디까지나 긍정적인 세계의 설명에 지나지 않는다. 긍정적인 내용은 본래 부모와 아이가 자유롭게 생각해야 한다. 반면, 이 부정 쪽은 절대로 해서는 안 되는 것이다.

1. 집단따돌림을 해서는 안 된다.

2. 이야기를 도중에 끊지 않는다.

3. 거짓말을 하지 않는다.

4. 약속을 반드시 지킨다.

5. 자기한정을 하지 않는다.

이외에도 무리하지 않는다, 잘난 척 하지 않는다, 미워하지 않는다, 슬퍼하지 않는다 등의 후보가 있다. 하지만 사실 이것 중 어느 하나라도 100퍼센트 실천한다는 것은 사실상 거의 불가능하다.

예를 들어 '거짓말을 하지 않는다' 라는 점에 대해서, "태어날 때부터 거짓말을 해 본적이 없다" 라는 사람이 있다면 굉장히 기억력이 나쁘거나, 아니면 진짜 거짓말쟁이다. '약속을 반드시 지킨다' 라는 것도 육지와 떨어진 작은 섬에서 혼자 살아가지 않는 이상 거의 불가능하다.

그러나 100퍼센트 지키는 것이 거의 불가능한 5계명이지만, 반드시 지켜야할 '계율' 로써 명확하게 내세우고 그것을 지키지 않으면 어떠한 이유가 있어도 엄격하게 야단쳐야 한다. 변명을 해도 '그것은 안 되는 일이다' 라는 기준을 엄격하게 지켜나가야 한다고 생각한다.

타협하면 모든 것이 느슨해지고 자유의 존재기반도 흔들리게 된다.

'재력가'로 키우는 일곱 가지의 재능 + 2

제1의 재능   '꿈과 목표의 구상력'

제2의 재능   '현상황 파악력'

제3의 재능   '성과를 얻기 위한 과정의 창조력'

제4의 재능   '실패해도 끝까지 해내는 능력'

제5의 재능   '빨리 배우는 능력'

제6의 재능   '리더십(영향력)'

제7의 재능   '일하며 즐기는 능력'

8   '장(場)'의 감성을 연마한다

9   '엄격함'으로 다스린다

제4장

「일곱 가지 재능」을 아이에게
어떻게 전할까?

아이의 리더십을 키우는 친자관계란?

지금까지 '죽이기 10조' '살리기 9조' 의 이야기를 해왔는데, 이 것은 이른바 아이 키우기·교육의 내용이다. 아이에게 무엇을 가 르치고, 또 전할까 하는 것이다.

확실히 내용도 중요하지만 그와 동시에 전달하는 방법도 중요 하다. 일방적으로 "이렇게 해라", "이렇게 하면 안 돼"라고 명령 처럼 전달할 것인지, 아니면 "이러한 방법도 있단다"라고 조언을 할 것인지, 혹은 아이가 마음대로 해도 좋다는 것을 무언으로 전 달할 것인지 하는 문제다.

또한 전달하는 방법이 전제가 되는 부모와 자식간의 관계는 더 욱 중요하다. 친자관계는 혈연관계 때문인지 무언가 문제가 발생 하지 않는 한 의식적으로 서로를 생각하는 일이 별로 없다. 보통 은 '내 아이다' 라는 관계성을 암묵적으로 설정하고 있다. 그리고 '내 아이다' 라는 의미는 사람에 따라 상당히 다를지도 모른다. '자식이니까 부모가 하는 말을 당연히 들어야 한다' 라는 의미도 있다면, '자식이니까 무조건 사랑해주고 싶다, 아이를 위해 뭐든 지 해주고 싶다' 라는 의미도 있을 것이다.

나는 여기서 아이를 '행복한 재력가' 로 키우기 위한 친자관계 와, 그러한 관계를 전제로 했을 때의 전달 방법에 관한 문제를 생 각해보고자 한다. 재력가로 키우기 위한 친자관계는 한마디로 이 야기하면 '리드하고 리드하게 하는 관계' 다. 말하자면 서로가 서

로를 리드하는 관계다(제3장의 리더십에서 이야기한 내용과 같은 생각이
다).

　그러한 관계를 쌓기 위한 첫걸음으로는 '아이는 타인이다' 라
는 자각이 필요하다. 그것이 지나치게 냉정하다는 느낌이 들면
최근 미국에서 유행했던 '하늘에서 내려준 선물' 이라고 생각해
도 좋다. 그리고 새로운 타입의 리더십을 도입하자. 이것은 군대
와 같은 명령·복종관계가 아니다. 또한 아이가 원하는 대로 무
조건 내버려두는 방임주의와도 다르다. 함께 달리는 관계다. 같
은 경치를 같은 시선에서 바라보면서 같은 페이스로 달리는 관계
다.

　계속 나란히 달릴 필요는 없지만 때로는 나란히 달리기도 하고
서로가 멀리서 달리는 것을 지켜보거나 함께 쉬기도 한다. 처음
에는 아버지가 아이의 페이스에 맞추어 천천히 달린다. 그러는
사이에 아이가 쫓아오고 마침내 아버지를 앞질러 나간다. 아이가
앞서나가도 아버지는 멈추지 않고, 앞서나가는 아이에게 끊임없
이 조언을 하는 그런 관계다. 일생의 리듬 속에서 부모는 아이를
리드하고 아이는 부모를 리드하는 관계다.

　그러면 리드하고 리드 당하는 관계는 구체적으로 어떤 관계일
까? 그러한 관계는 구체적으로는 어떻게 쌓아나가는 걸까? 나는
이것을 몇 가지 측면으로 나누어 생각하고 있다.

　우선 아이를 완전히 타인처럼 생각하고, 아이의 생각, 느낌, 행
동을 정확히 파악하는 관계가 있다(처음 만나는 관계). 다음으로 부

모는 그러한 아이에게 장기적으로 애정과 교육, 돈을 투자하기 때문에 '투자하는 관계'다. 셋째는 투자한 이상 아이가 행복한 성공을 거둘 수 있도록 '조언하는 관계'다. 넷째는 모처럼 조언을 해도 아이가 귀기울여주지 않으면 아무효과도 없다. 이때는 아이를 마치 '고객으로 다루는 관계'가 성립되면 좋다. 다섯째는 아이가 성장하면서 우리들 어른들도 아이에게서 배울 것이 많기 때문에 아이를 '선생으로 생각하는 관계'다. 마지막으로 나란히 달리는 관계, 말하자면 대등한 '파트너로서의 관계'다.

앞으로 이상의 관계에 관해서 한 가지씩 설명하고자 한다. 여기에서도 따로 분리해서 생각하기보다는 전체를 통해 부모와 아이사이의 '대등한 관계'와, 나란히 달리는 관계를 유지할 수 있다면 가장 바람직한 일이다.

【1】내 아이는 '처음 보는 타인'

친자관계에서 특히 중요하다고 생각하는 것은 우선 아이의 상태, 아이의 성장단계를 붙잡는 것이다. '죽이기 10조'도 '살리기 9조'도 모두 아이가 어떠한 상황에 놓여있는가에 따라 그 사용법은 달라진다. 약간 극단적으로 말하면 아이의 상황만 정확히 파악하면 9조 따위는 필요 없다. 상황을 보고 있으면 자연스럽게 무엇을 하면 좋은지도 보이게 된다.

그런데 아이의 상황, 성장단계의 파악은 생각보다 상당히 어렵

다. 이 어려움을 이해하는 것이 첫걸음이다. 소위 '무지의 지(知)'
다. 이상한 말 같지만 자신의 아이를 지금 이 순간, '처음 보는 타
인'으로 바라 볼 수 있는 눈이 필요하다. 아무런 선입관도 없이
아이가 무엇을 생각하고 느끼고 행동하고 있는지, 그것을 알려고
하는 태도다. 물론 완벽하게 실행하는 것은 불가능하지만 어쨌든
그러한 '타인'으로 보는 자세가 필요하다.

　레바논의 시인, 하릴 지브런의 시에 다음과 같은 구절이 있다.

　당신의 아이는 당신의 아이가 아니다.
　아이는 생명자신의 힘으로 태어난 아들이나 딸이다.
　아이는 당신을 통해 나오나 당신에게서 나오는 것이 아니다.
　아이는 당신과 함께 존재하나 당신에게 속해있는 것은 아니다.
　당신은 궁(弓)이고, 아이는 살아있는 화살로 그곳에서 앞으로
날아가는 것이다.

　그렇다면 아이를 처음 만나는 사람처럼 보고 이해하는 것을 구
체적으로 어떻게 하면 좋을까? 나는 내가 그것을 생각하고 있는
동안에 기업의 사전평가에 사용하고 있는 내 인터뷰 방법이 아이
에게도 거의 마찬가지로 적용된다는 사실을 알았다. 지금부터 그
방법을 설명하고자 한다. 아주 간단하다.

　우선 아이가 무언가 말을 하려고 할 때나, 기뻐할 때, 풀이 죽
어있을 때, 화가 났을 때가 기회다. 그런 기회를 붙잡아 "무슨 일

이 있었니?"하고 물어본다.

예를 들어 아이가 "친구랑 싸워서 엄마에게 야단맞았어요"라고 대답했다. 그러면 "무슨 일로 싸웠니?"하고 묻는다. 아이가,

"내가 혼자서 모래밭에서 놀고 있는데 데쓰야가 와서 방해하려고 했어요."

"음, 그 다음에 어떻게 했는데?"

"내가 방해하지 말라고 했어요."

"그것뿐이야?"

"내가 약간 데쓰야를 밀었어요."

"그래서?"

"데쓰야가 넘어져서 울기 시작했어요. 그리고 선생님도 와서 데쓰야가 울고 있는데 무슨 일이니? 하고 물었어요."

"그래서?"

"나는 야단맞을 것 같아서 아무 말도 안했어요. 변명하는 것도 싫었구요."

"선생님은 화내지 않으셨니?"

"화내지는 않으셨어요. 그런데 아마 선생님이 엄마에게 내가 데쓰야를 울렸다고 얘기한 것 같아요."

"그래서 엄마에게 야단맞았구나."

"네."

"엄마에게 데쓰야가 왜 울었는지 제대로 이야기했니?"

"얘기하지 않았어요. 엄마가 무조건 친구를 괴롭히면 안 된다

고 화를 냈거든요. 내 이야기를 들어 줄 것 같지도 않았어요."

"으음."

이 방법은 아주 간단하다. 위와 같은 상황이 닥치면 부모는 아이에게 "어떠한 계기로 그 일이 일어났는가?", "그 다음에 무슨 일이 일어났는가?", "아이는 무엇을 했는가, 무엇을 생각했는가, 어떻게 느꼈는가?" 하고 단순하게 물어본다. 중요한 것은 시간을 거슬러 올라가 마치 영화라도 보는 것처럼 아이가 어떠한 장면에서 무엇을 생각하고, 무엇을 하고, 무엇을 느꼈는지를 계속해서 물어봐야 한다는 것이다.

이상하게도 아이는 자신의 행동을 되돌아보고 그것을 이야기해버리면 개운한 표정이 되어 무언가 스스로 깨달은 것을 이야기한다. 예를 들어 위의 경우에는, "내가 확실하게 선생님과 엄마에게 설명 드렸어야 했는데"라고 말한다. 마치 거울로 자신의 모습을 보는 것처럼 깨닫게 된다.

감정의 기복이 심한 경우는 아이의 기분이 나타난 부분을 알아차리고 앵무새처럼 따라한다. "분했어요"라는 기분을 나타내면 그 점을 놓치지 않고 "분했구나"와 같이. 아이가 기분을 말로 표현하지 못할 경우에는 부모 쪽에서 먼저 "분했겠구나"라는 투로 말을 건넨다.

아무 사건이 없어도 "오늘 하루 무슨 일 있었니?" 하고 물어보아도 좋고, 소풍 등에 갔었을 때 그 이야기를 물어보는 것도 좋다. 익숙해지면 '이번 일주일 동안에 재미있었던 일'이나, '싫었던 일', '기뻤던 일' 등을 물어보는 것도 가능하다. 포인트는 그러한 테마나 사건을 설정하면 그 일의 시작에서부터 시간을 거슬러 올라가서 아이의 생각, 행동, 기분을 순서대로 물어보는 것이다.

그리고 결코 부모의 의견을 말하지 않는 것이 중요하다. 앞의 예를 살펴보면 선생의 질문에 대해 아이가 대답하지 않았던 장면에서 "왜 선생님에게 확실하게 설명하지 않았니? 그때 설명하면 문제는 없었을 텐데"라는 식으로 말이다. 그러한 의견을 말해버리면 아이가 스스로 자신의 행동을 되돌아보고 깨달을 수 있는 기회를 빼앗게 된다.

이 방법은 내가 고객의 회사를 컨설팅 할 때 그 회사에서 성과를 낸 과정을 끝까지 캐고 물어봐서 성과행동을 분명히 하는데 사용하고 있다. 이때 나는 '재력가'에게서 볼 수 있는 특성이 있는지의 여부를 주의해서 분석한다. 프로를 인터뷰할 때는 단시간에 효율적으로 정보를 얻기 위해 세밀한 테크닉을 꽤 많이 사용하는데, 아이에게서 행동을 듣는 것은 위에서처럼 단순한 방법으로 충분하다.

덧붙여 말하면 보통 어른보다도 아이 쪽이 훨씬 스스로 생각하고 행동하고 느끼는 것 같다. 아이는 주체성이나 자립성의 싹을 갖고 있다. 그 싹을 찾아내서 확실하게 키워주는 것이 중요하다.

기회가 있을 때마다 이러한 인터뷰를 하면서 평소의 모습을 지켜보면 아이의 성장단계를 어느 정도 이해할 수 있다. 이처럼 이야기를 들으면서 이해를 하는 것 자체가 아이와 수평적인 관계를 만들어 나가는 것과 연결이 된다. 이것은 여기서 테마로 하고 있는 같이 달리는 관계를 만들기 위한 기초다. 이러한 이해를 기초로 해서 앞으로 이야기할 여러 가지 관계를 만들어 갈 수 있다.

【2】투자하는 관계

보다 발전적인 관계 중의 하나가 부모가 아이에게 투자하는 관계다. 나는 반의도적으로 아이와의 관계를 쿨하게 생각하기 위해 아이 키우기를 하나의 벤처사업이라고 생각하고 있다. 이것은 문득 비유적으로 생각한 것이 계기가 되었지만 투자관계라고 생각할수록 부모와 아이 사이는 가까워진다. 특히 아이에 대해 '타인이다' 라는 견해를 가지는 순간, 더욱 가까워진다.

나는 2002년 4월까지 2년 간 미국의 실리콘밸리에서 살았다. 그곳은 벤처비즈니스의 중심지다. 특히 벤처를 키우고 성공시키는 각종 시스템이 발달해 있다. 그 중에는 벤처캐피탈, 즉 벤처에 투자하는 사람들의 역할이 상당히 중요하다. 이 벤처캐피탈은 형식적으로는 투자가로부터 돈을 받아 그것을 갓 창업한 기업에 투자한다. 그리고 그 기업이 장래 성공해서 주식을 공개하거나 대기업에 기업을 매각해서 수익을 얻으면 투자가에게 환원한다.

나는 실리콘밸리에 오기 전에는 벤처캐피탈을 '돈의 망자(亡者)', '기술의 감정사', '돈을 버는 사람' 정도로 밖에 생각하지 않앗다. 그러나 벤처캐피탈의 역할은 단순히 돈을 제공하는 것에 머물지 않는다. 일류 벤처캐피탈리스트를 만났을 때 그들이 항상 하는 말은 '사람을 보는 눈'의 중요성이다. 창업자의 인물 됨됨이, 그가 거느린 팀의 강점 등을 말한다.

확실히 벤처는 환경 변화가 심하기 때문에 아무리 좋은 전략이나 기술을 갖고 있어도 그것만으로 성공하기는 쉽지 않다. 급변하는 상황 속에서 항상 좋은 방향으로 나아가려면 결국 사람에게 투자하는 수밖에 없다. 사실 질 높은 벤처캐피탈은 글자그대로 '기업을 키우는 부모'다. 아직 경험이 없는 창업자에게 모든 상담을 해주고 사람과 고객을 소개한다. 요컨대 벤처캐피탈은 기업에 대해 '돈', '인재', '고객'을 소개하거나 끌어당기는 방법을 전수한다.

지금까지 이야기해온 것은 실리콘밸리에서도 질 높은 벤처캐피탈의 사고방식이다. 물론 질 나쁜 벤처캐피탈도 많이 있어서 그들은 때로 '대머리 독수리 캐피탈'이라고 불린다.

질 좋은 벤처캐피탈의 사고방식이나 행동에는 여기서 이야기하고 있는 여러 가지 관계가 모두 포함되어있다. 좁은 의미의 투자관계 뿐만 아니라 '처음 만나는 관계'도, '조언하는 관계'도, '고객으로서의 관계'도 포함된다.

우선 투자관계에 대해 생각해보자. 아이라는 벤처에 투자하는 아버지(벤처캐피탈리스트)는 무엇을 어떻게 하면 좋을까?

벤처캐피탈에게 가장 중요한 것은 창업자(아이)의 재능을 알아보고, 그 강점, 약점, 기회, 위협을 예상하는 것이다(경영전략 분야에서는 이 네 개의 머리글자를 따서 SWOT분석(SWOT는 Strength(강점), Weakness(약점), Opportunities(기회), Threats(위협)의 합성어이며 SWOT분석은 이를 이용해서 문제를 분석하고 기업의 전략을 수립하기 위해 사용되는 분석기법이라고 한다).

우선 아이의 강점이 어디에 있는지를 파악한다. 강점은 여러 가지 형태로 판단할 수 있다. 예를 들어 '이 아이는 이과계에 강하다', '이 아이는 해내는 능력이 강하다' 라든가, ' 이 아이는 친구를 잘 사귄다', '물건을 잘 만든다' 와 같은 판단을 내릴 수 있다.

어쨌든 강점이 될 만한 부분을 잘 파악한다. '일곱 가지의 재능' 에 비추어 어느 부분이 강한지 판단하는 것도 여기에 해당된다.

또한 어떻게 하면 지금 갖고 있는 강점을 더욱 강하게 만들 것인가, 혹은 강점을 어떻게 살릴 것인가 하는 전략도 생각한다.

다음으로 창업자(아이)의 약점을 파악한다. 그리고 강점으로 싸워나갈 때 그 약점이 결정적인 장해가 되지 않도록 여러 가지 방법을 생각한다. 예를 들어 이과계에 강하고, 물건 만들기도 뛰어난 아이가 만일 언어표현능력이 떨어진다면, 그 부분을 보강하는 방법을 생각한다(기술면에서 상당히 뛰어난 창업자의 커뮤니케이션 능력이 약하면, 벤처캐피탈은 그 면에 대해 조언을 한다. 혹은 커뮤니케이션 능력이 강한 사람을 데려온다). 강점, 약점을 있는 그대로 판단하려면 앞에서 이야기한 인터뷰도 위력을 발휘한다.

그리고 벤처캐피탈의 경우에는 시장을 읽는다. 아이재력가의 장래성을 생각해서라도 사실은 아이의 재능과 동시에 시장 상황도 생각할 필요가 있다. 다만, 이것만 집중적으로 분석하는 것은 거의 불가능하므로, 예를 들어 이 책에서 이야기하고 있듯이 '일곱 가지의 재능'을 익히면 장래 시장에서도 통용될 것이다.

또한 필요에 따라 좋은 사람을 소개한다. '만남'을 연출하는 것이다. '만남'의 기회를 충분히 갖는 것이 벤처캐피탈의 중요한 요건이다.

벤처캐피탈리스트 미즈구치 아키라(水口 啓) 씨에 따르면, '이걸로 실패하면 끝이다'라는 각오로 최선을 다하느냐가 하나의 결정타가 된다고 한다. 물론 시장성이나 기술력도 큰 요소이지만 말이다. 아이에 대한 부모의 입장도 확실히 이러한 면이 있을 것이다.

'벤처캐피탈은 결국 돈을 버는 것이 목적이지만 부모의 경우는 그렇지 않다'라고 생각하는 사람도 많을 것이다. 나도 그렇게 생각했다. 아이가 어떠한 일을 하고, 어떠한 사업을 하고, 어떠한 사람이 될지는 아이 자신이 결정할 문제다. 그러나 부모로서 아이에게 투자하고 있는 것은 사실이며, 투자한 아이가 어떻게 자라는지에 대해서는 사회적으로도 책임이 있다.

그렇다면 아이가 무엇을 할 것인가에 대해 투자가의 눈으로 좀 더 관심 갖고 조언을 해도 좋지 않을까? 적어도 벤처캐피탈이 창업자에게 주문을 하는 만큼, 부모도 아이에게 주문을 할 수 있다. 그것은 부모와 자식간이기 때문이 아니라 아이에게 돈과 시간을 투자하는 사람으로서 주문을 할 수 있다고 생각한다. 아이에게 이러한 쿨한 관계가 있다는 것을 이야기하고 억압적이지는 않지만 그래도 확실하게 엄격한 주문을 해야 한다.

물론 아이가 '그러나 나는 이렇게 하고 싶어요'라고 말하고 결국 본인이 원하는 쪽으로 가는 것은 상관없지만 그 경우에도 적당한 저항에 부딪치게 하여 아이의 결심을 굳혀주는 것이 필요하다. 벤처캐피탈도 설득할 수 없다면 시장에서 통용될 리가 없다. 부모도 설득하지 못하는 장래 계획은 가능성이 없다.

동시에 이것은 부모에게도 상당히 힘든 일이다. 아이에게 마음대로 하게 내버려두는 쪽이 얼마나 편한지 알게 된다.

【3】코치하는 관계

일류 프로스포츠 선수라도 전문인으로부터 코치를 받는다. 이치로도 타이거우즈도 코치를 받는다. 그러나 코치가 결코 이치로나 타이거우즈보다 타격이나 골프가 뛰어난 것은 아니다. 그래도 코치를 할 수 있고 그가 필요하다. 마찬가지로 부모도 아이를 마치 일류 선수처럼 가정하고 그들을 코치하는 것이 효과적이다.

여기에서 중요한 것은 '부모는 스스로 할 수 있는 것만을 코치하는 것이 아니다'라는 점이다. 부모가 만일 자신이 할 수 있는 것만을 아이에게 가르친다면 아이는 부모의 한계에서 벗어나지 못한다. 동시에 자신이 할 수 없는 것까지 코치한다면 코치 기술을 연마해둘 필요가 있다.

코치의 기본에는 네 가지가 있다.

첫째는, 코치(부모)와 선수(아이)의 관계가 대등하다는 점이다. 이것은 이미 앞에서 이야기한 내용인데, 선생과 학생 관계가 아니라는 점에 주의하자(부모가 잘하는 분야에서 가르치는 경우에도 기본적으로는 대등하다). 둘째는 코치의 목표가 선수자신이 스스로 생각하고, 느끼고, 행동을 바꾸어 나가는 점이다. 요컨대 자율성이다.

기업도 최근 코치가 주목을 끌고 있다. 비즈니스 재력가가 중심이 되면 코치의 필요성이 점차 높아질 것이다. 그때도 코치는 재력가의 전문분야에서 재력가보다 뛰어난 선수일 필요는 없다. 코치 기술만 연마하면 된다. 여기서도 중요한 것은 인지심리학에서처럼 '코치 받은 상대가 스스로 깨닫고 자신을 바꾸어 간다' 라는 점이다.

셋째는 '목표설정의 연구' 다. 최종적인 목표도 목표지만, 최종 목표를 달성하기 위해 필요한 '학습목표' 를 설정한다. 노력하면 달성할 수 있는 중간목표를 정한다. 그리고 목표를 달성하기 위한 초점을 정한다. 소위 '비결' 에 해당되는 것이다.

넷째는 '코치하는 과정' 이다. 목표를 설정하고, 실행하고, 반성하는 일련의 과정이지만 이 가운데서도 아이가 스스로 깨닫고 실행한다는 자율성이 중요하다. 그러려면 아이 자신이 관찰할 필요가 있다. 부모가 비판하거나 가르쳐주는 것이 아니라 아이와 함께 같은 눈높이에서 아이를 관찰하는 자세가 중요하다.

가르치는 경우에도 비결에 해당하는 부분을 가르쳐 준다. 비결은 학습목표(중간목표)다. 예를 들어 공을 잡는 법을 가르칠 때, 공을 잡는 자세도 가르쳐 줄 필요가 있지만, 만일 아이가 잘 못할 때는 비결을 가르쳐준다. '공을 잡으려고 하지 말고 공의 바느질 자국을 잘 봐' 라고 말하고 그 점에 집중하도록 시킨다. 그러면 공을 관찰하는데 집중할 수 있어서 몸은 자연스럽게 움직이게 된다.

【4】아이는 고객

비즈니스 세계에서는 최근 10년 동안에 '고객에 해당하는 자' 가 증가했다. 자사 제품을 구입하는 고객뿐만 아니라, 예를 들어 같은 회사에서 자신이 제공하는 서비스를 사용하는 사원도 고객으로 보고 있다. 또한 '경영자가 사원을 고객으로 생각한다' 라는 움직임도 나왔다. 요컨대 이쪽이 원하는 행동을 취하는 대상자는 일단 모두 고객으로 본다는 경향이다.

아이에게 이쪽이 원하는 행동을 하게 하려면 아이도 고객으로 생각할 필요가 있다. 고객으로 생각한다는 것은 다음 두 가지를 의미한다.

첫째는 우선 고객의 요구(고객이 필요로 하는 것)를 파악하는 것이다. 서비스를 제공하는 부모가 자신 마음대로 서비스를 제공하는 것이 아니라 우선 고객인 아이의 요구가 무엇인지, 찾아내는 것이 필요하다.

둘째는 서비스 제공의 방법을 연구한다. 여기서 키워드는 고객(아이)이 서비스를 선택할 수 있도록 몇 가지 선택사항(옵션)을 제시한다. '이것밖에 없으니까 이것으로 만족해라' 라는 것은 계획경제적으로 공산주의적인 방법이다. 자본주의 경제에서는 반드시 복수의 선택사항에서 자유롭게 선택할 수 있어야 한다.

【5】아이는 선생님

앞에서 비즈니스 세계에서 코치가 중요해졌다는 이야기를 했는데, 이와 동시에 유명해진 '멘터(mentor)' 라는 말이 있다. 멘터는 일이나 인생의 지도자, 조언자의 의미로, 신입사원 등의 정신적인 지주 역할을 한다.

창업의 세계에서도 멘터라는 역할이 있어서 그 역할을 하는 사람은 창업자를 위해 여러 가지 조언과 지도를 한다. 좋은 조언자는 조언을 받는 사람의 사업상의 일뿐만 아니라 생활상의 여러 가지 고민 상담도 해준다.

자신의 아이를 코치하는 일은 동시에 부모가 아이의 좋은 조언자가 되는 것을 의미한다. 아이의 여러 가지 고민을 함께 걱정하고, 본인이 해결책을 찾는 것을 도와주거나, '일곱 가지의 재능'

을 효과적으로 배워나가는 것을 도와주기 때문이다.

그렇게 해서 아이와의 지적교류를 계속하고 있는 사이에 재미있는 현상이 일어난다. 그것을 나는 '리버스 멘터(reverse mentor 역 조언자)'라고 부르는데, 아이가 부모의 좋은 조언자가 되는 경우도 생긴다는 뜻이다.

"에이, 아빠는 뭐 그런 일 가지고 고민해요? 나라면 부장에게 확실하게 말할 거야"라든가, "국어 교과서에 나와 있는 이 문장, 재미있어요. 아빠가 언젠가 말씀하셨던 말이 짧게 정리되어 있어요"라고 아이가 말해준다면 보람을 느낄 것이다.

중요한 것은 "아이 주제에 부모에게 의견을 내놓는 게 아니야"라고 억압적으로 부정해서는 안 된다는 것이다. 지금까지 이 책을 읽어온 분이라면 이미 충분히 이해했겠지만 아이와 부모는 대등하므로 아이의 조언에는 확실하게 귀를 기울여야 한다. 아이의 조언이 중요한 의견이라면 고마운 마음과 함께 제대로 평가해 주어야 마땅하다.

조루리(淨瑠璃 일본 전통 인형극)에 나오는 유명한 격언 중에, '업은 아이가 가르쳐주는 대로 얕은 강을 건넌다'라는 말이 있다. 아이를 업고 강을 건널 때에 등에 업힌 아이가 어느 곳이 강이 얕은지를 이야기 해주어서 강을 건너기 쉽게 해준다는 말이다. '가르치는 것은 배우는 것'이므로 부모가 자식에게 일방적으로 무언가를 전달하는 것이라고 생각하면 아이와의 관계에 걸림돌이 되고 만다. 확실하게 '대등한 감각'을 갖고 접하다 보면 많은 '배움' 을 통해 부모자신도 변하게 될 것이다.

【6】아이는 파트너

부모와 아이는 서로 좋은 파트너관계다. '아이에게 친구 같은 부모가 되고 싶다' 라는 의견을 자주 듣게 되는데 이것은 파트너 관계와 같은 말이다.

좋은 파트너가 되려면 네 가지 조건이 필요하다.

첫째는 서로 상대방을 이해한다. 생활을 함께 하고, 혈연관계인 부모와 아이는 서로를 본능적으로 이해한다.

둘째는 사양하지 말고 서로의 의견을 말한다. 부모와 자식은 서로가 느끼는 의견을 사양하지 말고 이야기한다. 대개 부모와 자식사이라면 이 부분도 문제가 되지 않는다.

셋째는 상대가 자신과 다른 특별한 시점을 갖고 있다는 것을 인정한다. 아이는 어른과는 다른 '아이의 시점' 을 갖고 있다. 반대로 어른이 바라보는 시점도 마찬가지다.

넷째는 서로 상대를 존중한다. 친자관계에 따라 다르겠지만 대개 자식은 부모를 존중한다. 반(半)본능적으로 부모를 소중하게 생각한다. 부모의 경우도 자식을 본능적으로 사랑한다. 다만 이것을 '존중한다' 라는 상태로 바꾸어 나갈 필요가 있다.

파트너 관계의 주도권은 부모가 잡는 것이 자연스럽다. 부모가 자식을 파트너로 생각하면 아이는 반사적으로 부모를 파트너로

보기 시작한다. 이 경우의 포인트는 아이의 성장 수준에 맞추어 나가는 것인데, 그런데 이것이 상당히 어렵다. 발달심리학 책 등을 보아도 조언을 얻을 수는 있지만 정답은 나와 있지 않다.

특히 부모는 자신의 아이와 항상 함께 있기 때문에 성장하고 있다는 사실을 놓쳐버리기 쉽다. 때로는 어떤 사건이나 이벤트가 있을 때 아이가 성장했다는 사실을 깨닫고 깜짝 놀랄 때가 많다. 다시 말하면 사건이 일어날 때까지는 좀처럼 아이의 성장을 알아차리지 못한다는 이야기다. 그리고 어쩌면 사건이 일어남으로써 아이가 성장했을지도 모른다는 점이다.

모든 해결책은 아이가 성장했는지를 어떻게 파악하느냐에 달려있다. 성장 단계의 판단이 파트너로써의 관계를 생각하거나, 투자, 코치, 고객, 선생의 관계를 생각할 때도 모든 것의 기본이 된다.

【7】아이는 태어날 때부터 리더

아이는 모두 태어날 때부터 리더다. 태어나면서 리더의 자질을 갖고 있다. 그것이 '상자'에 들어가는 순간 차츰 약해져버리는 것이다. 부모가 그 사실을 인식하고 있다면 코치로서의 부모의 임무는 자연스럽게 보일 것이다. '아이가 정말 하고 싶은 것을 찾게 도와주고 싶다'는 것이 부모가 코치로서 해야 할 가장 중요한 역할이다.

그러나 세상의 대부분의 부모는 그렇게 하지 못한다. 아이가 문제에 직면하면 부모는 걱정이 돼서 곧바로 손을 내밀어 문제를 해결해버린다. 아이가 스스로 문제에 직면하여 고민하거나, 혹은 즐기면서 문제를 해결하는 기쁨과 성장의 기회를 빼앗아버리는 것이다. 그러나 어떤 의미에서 이것은 어쩔 수 없는 것인지도 모른다. 그러한 부모자신도 그러한 즐거움의 경험을 스스로 맛보지 못했기 때문이다.

비트 다케시(기타노 다케시. 일본의 영화감독이자 유명한 코미디언) 씨가 어떤 프로그램에서 융통성 있는 교육에 관해 "잘못해도 괜찮다, 잘 할 수 있다고 하는 것이 진짜 융통성이다"라고 말했다. 사실이 그렇다. 지금 사회의 잘못된 통일성의 좁은 시야는 한 번 바닥으로 추락해 보는 것도 좋을지 모른다.

아는 사람 중에 코치 전문가가 있다. 그녀의 말에 의하면 아이들의 경우는 집단이라도 코치가 가능하지만 어른은 다소 왜곡된 면이 있어서 그것을 없애지 않는 이상 개별적으로 코치하기는 어렵다고 한다. 여기서도 아이가 태어날 때부터 리더라는 것이 증명되었다.

【8】롤 모델

'롤 모델'이라는 말을 들은 적이 있는가? '롤 플레이 게임'이나, 수화통역학습에서 나오는 '롤 플레이'라는 말과 매우 비슷한

말로, '롤'의 의미는 '역할'을 뜻한다. 그러나 '롤 모델'은 자신이 경험하지 않은 것을 누군가를 본보기 삼아 자신과 역할을 바꾸어서 상상해보는 것이다. 취직을 앞둔 학생이 자신이 하고 싶은 직업 분야에서 일하고 있는 선배를 보고, 자신의 미래상을 이미지하는 것과 같다.

여기서는 아이들이 행동을 하는 계기로써의 롤 모델을 생각해보자.

내 고객인 어느 회사에서는 평가 훈련으로 그 기업의 능력 있는 사람과의 인터뷰 비디오를 신입사원들에게 보여주었다. 그러자 어느새 그 비디오가 평가로 끝나지 않고 신입사원들의 롤 모델이 되었다.

"○○해라"라고 열 번 이야기하는 것보다 부모가 자신이 하고 싶은 일에 몰두하고 있는 모습을 보여주는 것이 더욱 효과적이라는 이야기다.

아이가 부모와 닮으면 닮을수록 그 효과는 높아진다. 아이와 유전자를 공유한 부모가 무언가를 하면 아이도 '나도 저렇게 하면 되는구나'라고 깨닫기 쉽다. 부모가 무조건 자신의 방식을 강요한다고 해서 마음먹은 대로 아이가 따라주지는 않는다. 아이에게 쉽게 거절당하거나, 설령 부모의 방식을 따른다고 해도 아이를 단순한 종속자로 만들어 버릴 뿐이다.

결국 아이가 자연스럽게 부모가 하고 있는 일에 흥미를 갖고, 질문하게 되느냐 마느냐에 달려있다. 부모와 아이가 자연스럽게 같은 취미를 발견하면 가장 바람직하다. 우리 집에서는 아직 발견하지 못했기 때문에 그러한 이야기를 들을 때마다 매우 부러운 생각이 든다.

다만, 이 부분을 밀고 잡아당기는 경계는 개인마다 조금씩 다르다. 예를 들어 야구선수의 예를 보면, 아버지가 아이를 훌륭한 프로선수로 키우는 케이스가 꽤 많다. 이것은 언뜻 보면 억지로 시키는 것 같지만, 훌륭한 선수로 키울 수만 있다면 상관없다. 부모가 그 정도로 열정을 쏟는다면 이야기는 달라진다. 일반적으로는 억지로 시키는 일, 특히 일시적인 강요는 아이에게 부모의 진심이 결코 전해지지 않는다.

실은 이 부분이 가장 주의를 요하는 부분인지도 모른다. 부모는 물 마시는 곳까지 아이를 데리고 갈 수는 있어도 물을 마시느냐 안 마시느냐는 아이가 결정하기 때문이다.

또 한 가지, 롤 모델에 관해서 하고 싶은 말이 있다. 그것은 '어머니는 교육시키지 말고 일하는 편이 좋다' 라는 것이다. 여기서 말하는 '일하다' 는 회사에서 일하거나 시간제 근무로 일하는 것을 이야기하는 것이 아니다. 돈을 번다 라는 것과도 직결되지 않는다. 요컨대 '어머니가 자신이 하고 싶은 일에 몰두하고 그 모습을 아이가 보고 있으면 된다' 라는 이야기다.

앞에서도 이야기했지만 아내는 통신교육으로 아로마테라피 코스를 듣고 있다. 꽤 엄격한 통신교육으로 매번 숙제가 주어지고, 논문을 써서 첨삭을 받았다. 더구나 모두 영어였다. 그리고 아내가 노력하는 동안에 아내를 대하는 아이들의 태도가 눈에 보일 정도로 달라졌다.

부모가 무언가를 열심히 노력하고 있는 모습은 아이에게도 좋은 영향을 준다. 아이 옆에 착 달라붙어서 이러쿵저러쿵 주의를 주는 것보다 자신의 일을 열심히 하고 있는 엄마의 모습에 아이의 존경심은 높아진다. 그러면 아이의 마음속에서는 엄마도 노력하고 있는 사람들 속에 포함되는 것이다. 즉 '어머니도 롤 모델이 될 가능성이 있다' 라는 것이다.

【9】'성적표'를 대신하는 철저한 듣기

학교 성적표는 옛날 기업 근무 평가와 비슷하다. 한마디로 말하면 도움이 되지 않는다. 정보의 알맹이가 없고 갑자기 결과만 나타나있기 때문이다. 기업의 업적이라면 매상이나 이익 금액이 나와 있어서 그것 자체만으로도 정보의 가치를 지니고 있지만, 성적표는 5단계의 평가뿐이다.

게다가 최근에는 절대평가가 되었기 때문에 거의 의미가 없다. 절대평가는 그 아이 자신을 절대기준으로 한 평가이므로 다른 아이와 비교할 수 없기 때문에 아이의 경쟁력을 알 수 없다. 또한 '절대' 라는 말이 상당히 속임수처럼 느껴진다. 절대라고 하면 세상에 유일한 기준이 있어서 그것과 비교해서 어느 정도인지를 나타내는 것이다. 그러나 당사자인 아이 자신이 기준이라면 그건 아무런 의미도 없다.

기준의 문제보다도 중요한 것은 선생이 아이의 과목을 '양' 또는 '가'라고 판단한 근거의 데이터가 나타나 있지 않다는 것이다. 테스트 점수인지, 아니면 평소의 수업태도에 관한 결과인지, 혹은 그것을 어떻게 배분한 것인지, 그런 점에 대한 정확한 데이터가 없으면 부모는 도무지 판단할 방법이 없다. 부모들 중에는 실제로 알 수 없는 평가가 나와서 이해가 가지 않았던 적이 있었을 것이다. 부모 쪽에서는 단 한 마디라도 좋으니까 학교 측에서 그 근거가 된 사실을 설명해주기를 원한다.

더구나 이것이 내신 성적 등에 반영이 되면 상황은 더욱 심각해진다. 입학시험은 경쟁이다. 경쟁부분에 그 아이만을 기본으로 한 절대평가가 사용된다는 것은 자기모순이 아닐까?

만일 이 절대평가의 사상을 앞으로도 일관해서 밀고 나가겠다면 그 전에 경쟁인 입학시험을 그만두어야 한다. 실제로 세상에서 경쟁이 필요하다면 절대평가는 속임수에 지나지 않는다. 평가는 확실하게 경쟁적인 위치를 부여하지 않으면 의미가 없다.

또한 개개인의 아이에 맞게 매우 정중한 지도를 해주기를 원한다. 단순한 5단계 평가 등으로 끝나지 말고, 더욱 철저한 평가와 피드백을 아이에게 해주었으면 한다. 반대로 점수 등은 상대평가로 하는 것이 좋다.

아이는 어차피 경쟁해야 하므로 공부에 관심이 있는지 없는지는 빨리 알려주는 쪽이 좋다. 만일 공부에 관심이 없다면 공부는 적당히 하고 다른 분야에 관심을 가져보는 쪽이 좋다고 생각한다.

계속해서 의문을 가져도 소용이 없지만 부모로서는 성적표를 계기로 어떠한 일이 일어났는지, 아이가 실제로 그 과목과 관련해서 무엇을 했는지, 무엇을 잘했는지를 하나씩 확인할 필요가 있다.

어쨌든 '경쟁을 회피하고, 성과를 회피하고, 태도만 순종적이면 된다' 라는 현재 학교교육에는 부모의 한사람으로서 상당히 의문스럽다.

칼럼 '주니어 영화제작 워크숍'

내 아내의 오빠인 미우라 노리시게(三浦 規成)는 NHK의 디렉터인데, '주니어 영화제작 워크숍' 이라는 자원봉사를 하고 있다. 가와자키(川先)시가 신유리가오카(新百合ヶ丘)의 영화학교를 비롯해, 매년 개최하고 있는 '신유리영화제' 의 주최 중의 하나로, 올해 3년째가 되었다고 한다. 참가자는 그 지역의 중학생 중에서 모집하고 기획, 각본에서 연출, 출연, 촬영, 감독까지 모두 중학생들의 손으로 한 편의 영화를 만든다는 프로젝트다.

내 자신은 그 활동을 본적이 없었지만 '아이들이 직접 자신들이 하고 싶은 일을 찾아서 그것을 어른들의 손을 빌어 실현해 간다' 라는 것이 재미있다는 생각이 들었다. 이번에 이 책을 위해 그 영화 만들기 현장을 찾아가서 매형과 지도를 맡고 있는 오시다 유키마사(押田 興將) 씨에게 직접 이야기를 듣고 왔다.

우선 매형의 이야기다.

"이 '주니어 영화제작 워크숍'이라는 기획은 신유리가오카 지역에 청소년이 접할 수 있는 문화적 상황을 만들려는 데서 시작되었어. 여러 가지 재능을 가진 청소년이 모여서 서로 영향을 주고받으며, 어른이나 상업자본이 주는 즐거움이 아니라 자신들이 직접 땀을 흘리며 즐거움을 창조하는 것을 가르치는 것이 목적이야. 그 시도로 '신유리영화제' 하는 동안에 만들어지는데, 지역에 사는 중학생들이 마치 아마추어 야구팀처럼 자주적으로 영화제작을 하는 거야. 완성된 작품은 '신유리영화제'에서 개봉하여 마을사람들이 보게 하지.

올해로 3년째인데, 작년에 재미있었다며 또 응모하는 중학생도 있어. 영화제작이라고는 하지만 기획, 각본, 캐스팅, 촬영, 연출, 음악을 모두 아이들이 하고 있지. 물론 어른이 돕지 않으면 안 되는 부분도 있기 때문에 그 부분은 우리들이 도우미스텝으로 협력해 줘. 특히 음성이나 조명은 아마추어에게는 어렵기 때문에 영화학교 학생들도 도와주고 있어.

처음부터 계속 지켜보고 있으면 아이들이 점점 자아를 표출해내는 것을 알 수 있는데, 처음에는 우등생처럼 굴던 아이가 점점 괜찮은 녀석으로 변하는 게 재미있다니까."

다음은 계속 아이들과 함께 하면서 영화제작을 지도하고 있는 영상작가 오시다 씨의 이야기다. 오시다 씨는 올해 32세다. 그는 이마무라 쇼헤이(今村 昌平)조감독으로 활약하였고, 장애인이 컴퓨터를 사용해서 사회에 참여하는 모습을 그린 다큐멘터리 비디오 〈챌린지드(Challenged)〉에서는 감독을 맡았는데, 이 작품은 1998년 문부성(文部省) 선정 작품으로 뽑혔다.

"첫 해는 기록 담당으로 참가했기 때문에 본격적으로 지도하기 시작한 것은 올해로 2년째예요. 솔직히 말하면 지난해도 올해도 처음에는 참가를 주저했어요. 매우 훌륭한 기획이라고는 생각했지만 일은 무척 힘들거든요. 이틀은 밤새고 나흘은 집에 돌아가는 스케줄이 당연해질 정도로요. 힘들지만 그래도 모두 자원봉사로 이 워크숍과 영화제에 힘을 쏟고 있어요. 그러한 선배님이나 시민들의 모습을 보면서 도저히 거절할 수가 없었어요.

아이들에게는 영상기술보다도 '삶의 느낌'으로 승부하도록 가르치고 있어요. 기술로는 프로인 어른들에게 이기지 못하니까요. 그래서 열심히 재미있게 찍으려고 노력하고 있지요. 특히 영화제작에서 가장 중요한 것은 각본이기 때문에 7일 동안 열심히 짰어요. 여기서 승부가 나죠. 스토리만 좋으면 나머지는 현장에서 찍기만 하면 되니까요.

다만, 중학생들이라 자신이 생각하는 것을 잘 표현하지를 못해서 그것을 끌어내는 일이 꽤 힘들어요. 고등학생이라면 조금만 이야기해도 알아듣는데 중학생은 아직 아이덴티티가 정립되지 않은 상태라서 '왜 그것이 좋다고 생각하지?', '왜 그렇게 생각한 거야?' 하고 꼬치꼬치 캐물으면서 그들의 생각을 파악해 나가야 해요. 많은 시간과 노력이 필요한 작업이지만 그러면서 나도 자극받는 부분이 있으니까 할 수 있는 거예요.

나는 카메라 조작이 서투르거나 녹음에 실패했다고 해서 학생들을 야단치거나 하지는 않아요. 기술을 습득시키는 것이 목적도 아니고, 앞으로 프로가 될 것도 아니니까요. 그 대신에 내가 하는 말에 대답을 안 하거나 하면 야단쳐요. 영화는 무리하면 무리하는 만큼 좋아지거든요. 적당히 해도 대강 형태는 갖추어지지만, 열심히 하지 않으면 좋은 작품을 만들 수 없어요. 그러니까 열심히 하는 모습이 보이지 않으면 야단을 쳐요.

예를 들어 누군가가 열심히 연극을 하고 있을 때에 다른 멤버가 한눈을 팔거나 수다를 떨면 큰일 나죠. 전원이 카메라에 온 신경을 집중하면 영화가 점점 잘되고 있다는 것을 피부로 느낄 수가 있거든요.

그러한 내용을 전달하기 위해서는 매 회마다 진지하게 야단쳐야 해요.

이번 각본은 내용이 아주 좋아요. 모든 아이들이 자신의 내면을 드러내놓고 완성한 거예요. 그전까지는 아이들에게 영화는 스타워즈와 같은 것이었어요. 자신들과 관계가 없었던 거죠. 그런데 그렇지 않다는 것을 알게 되자 실로 좋은 감성을 발휘하기 시작했어요. '영화만들기의 기준은 내 자신밖에 없다' 라는 것만 알면 되는 거예요. 그래서 나는 '자신의 가치기준으로 스스로 생각하면 그것이 세계에서 단 하나뿐인 영화가 된다'라고 가르쳤어요. 오리지널이라는 것은 바로 그거거든요.

아이들은 지금 교육이 진짜가 아니라는 것을 깨닫고 있다고 생각해요. 그건 선생님들도 마찬가지가 아닐까요? 저는 여기서 하고 있는 것처럼 '싫으면 오지 않아도 돼'라고 말할 수 있는 환경에서 배우는 것이, 지금 아이들에게는 절대적으로 필요하다고 생각해요.

아이들을 보면서 깜짝 놀란 것은 굉장히 회복이 빠르다는 거예요. 내가 진지하게 야단쳐도 몇 초 후에는 금방 밝아져요. 신경을 쓰지 않는 건지, 믿음직한 건지는 잘 모르겠지만요. 또 한 가지 놀란 것은 아이들이 스스로 작곡한 거예요. 신유리가오카 지역에는 집안이 좋은 자녀들이 많아서 음악을 할 수 있는 아이가 많아요. 자택 지하실에 그랜드피아노가 놓여있는 아이도 있다니까요.

그러나 이 기획은 굉장히 바람직한 것이기는 하지만 함께하는 어른 스텝들은 굉장히 무리를 하고 있어요. 매일 아르바이트해야만 생활할 수 있는 대학생이 이틀 간격으로 아르바이트를 하면서 도와주고 있기도 해요. 그런 점은 행정 쪽에서 신경을 좀더 써주었으면 하는 생각이에요."

오시다 씨의 '야단치는 일'은 이 책에서 말하는 '엄격하게 가르친다'는 것과 일맥상통하고, '진심을 끌어내는 일'은 '리더십'의 '코치하는 관계'와 통한다. 그리고 아이들은 그들을 돕고 있는 수많은 어른 스텝들이 일을 쉬고 직접 만든 도시락을 제공해

주고 있는 '진지함'을 가까이서 느끼면서 많은 것을 배우고 느끼고 있음에 틀림없다.

오시다 씨는 굉장히 엄격한 것 같았지만 매형의 말을 들어보면 좋은 장면을 찍었을 때는 '안타깝고 좋은데!' 하고 눈물을 글썽거릴 정도로 섬세해서 아이들이 형처럼 잘 따르고 있다고 한다.

'행복한 재력가'로 키우기 위한 아홉 가지의 친자관계

1 내 아이는 '처음 보는 타인'

2 투자하는 관계

3 코치하는 관계

4 아이는 고객

5 아이는 선생님

6 아이는 파트너

7 아이는 태어날 때부터 리더

8 롤 모델

9 '성적표'를 대신하는 철저한 듣기

189

제5장

이것이 「재력가」와
외국어와의 좋은 관계

'실용적인 외국어'를 마스터하는 다섯 가지 방법

■ 왜 외국어를 배우는가?

한마디로 '외국어' 라고 했는데, 사실 우리말도 외국어 중의 하나다. 예를 들어 추상적인 사고를 하는 우리말은 일상적인 사고를 위한 우리말과 어딘가 다르다. 그것은 수학적이기도 하고 과학적, 창조적이기도 하다. 상식과는 어딘가 다른 논리를 갖고 있다.

내가 중요하게 생각하는 것은 이 추상적인 사고를 하는 부분의 언어를, 어떤 언어로 익히느냐하는 것이다. 단순히 '영어회화를 할 수 있다' 라는 것과, '영어로 추상적인 사고까지 한다' 라는 것은 엄연히 다르다.

내 경우에는, 어떤 부분 이후의 사고는 자신의 언어로 행하는데, 주로 우리말이 기본이지만 우리말뿐만 아니다. 영어도 섞여있고 때로는 아랍어까지 포함된다. 더구나 수학방식이나 음악이미지까지 포함되기도 한다.

외국어, 특히 영어에 대해서는 사람들과 사이좋게 지내기 위한 수단이라는 면이 상당히 강하다. 그 점만 생각하면 영어는 커뮤니케이션의 수단이다. 일정 수준 이상의 사람과 어느 정도 사이좋게 지낼 수 있느냐 하는 것은 결국 자신의 재산이다. 넓은 세상에서 스승이나 친구를 찾을 수 있느냐에 따라 아이가 국제사회로 뻗어나갈 수 있는 중요한 분기점이다.

1. 대학입시의 공통 시험을 패스하는 기본능력이라고 생각한다

그렇다면 왜 앞으로의 인재에게 영어가 필요할까? 아이에게 영어를 배우게 하려면 우선 그 필요성을 정확하게 파악하는 것이 중요하다. 이 부분에 대해서는 목표가 빗나간 사람이 많기 때문에 여기서 잠시 설명하고자 한다.

"왜 영어를 공부하지?"라고 물으면 여러 가지 대답을 들을 수 있다. 주로 "국제화 시대니까", "외국계기업이 각광을 받고 있으니까", "인터넷이 영어니까", "시험에 나오니까", "외국에 가고 싶으니까", "내가 할 수 없어서 손해를 봤으니까" 등이다. 그렇지만 이러한 이유는 모두 목표를 벗어나 있다.

정답은 자기나라에서만 통용하는 존재가 되거나 아니면 세계에서 통용하는 인재가 되느냐가, 영어를 할 수 있느냐 못하느냐로 결정되기 때문이다. 정확히 말하면 영어가 그 분기점의 커트라인이 되는 것이다. 따라서 영어는 대학입시를 예를 들자면 글로벌 인재가 되기 위한 시험의 기본과목이라고도 할 수 있다. 이 기본적인 이유를 파악하고 나서 그 외의 이유를 생각하는 것이 효과적이다. '제1의 재능'에서도 언급했듯이 목표는 구조적으로 조립할 때 더 많은 힘을 갖는다.

이 나라 사람들에게는 매우 유감스러운 일이지만 세계적인 재력가 사이에서는 모국어가 아닌 영어가 공통어로 쓰인다. 따라서 세계적인 재력가를 지향하는 사람이 공통어를 말할 수 없다는 것

은 상당히 커다란 핸디캡이 된다. 어느 의미에서는 치명적이라고
도 할 수 있다.

명문대학 중에서도 머리가 좋다는 학부를 나온 사람의 머리에
는 무엇이 들어있을까? 그들의 두뇌회로의 질은 미국이나 그 외
의 다른 곳에서 일류대학을 나온 일류 학생들에 비해 결코 뒤떨
어지지 않는다. 외국으로 대학원 유학을 간 이과계 사람들 중에
실력 있는 사람은, 영어 실력으로는 그들에게 질지 모르지만 수
학 실력으로는 결코 지지 않는다고 한다.

그러나 이 나라 재력가의 머릿속은 온통 모국어다. 따라서 다
른 세계적인 재력가가 영어로 유창하게 말하면 따라 갈 수가 없
다. 그것은 이 나라 재력가의 책임은 아니다. 그들은 단지 우연히
매우 지역적이고 특수한 소프트웨어인 모국어를 사용해 온 것뿐
이다. 물론 죽을 힘을 다해 영어를 공부하면 회화에 참여할 수 있
다. 그러나 그렇게 되면 영어가 머리의 용량을 차지해버리고 만
다. 그것은 불필요한 핸디캡이다.

영어는 필수, 사활이 걸린 문제

상징적인 예를 들어보자. 작년 말, 명문대학에서 멀티미디어를
담당하고 있는 교수가 실리콘밸리에 왔을 때 이런 이야기를 했
다.

"어느 순간 정신 차리고 보니, 우리나라 이외의 아시아국가의
지식층은 모두 미국과 그 외의 영어 웹사이트를 보고 있고, 우리

194

나라 사람만이 우리고유의 우리말 웹사이트를 보고 있다는 것을 깨달았어요. 이렇게 해서는 의도하지 않는 고립상태에 빠져드는 것은 아닌가 하는 위기의식을 느꼈죠.”

그리고 그 교수의 이야기에 의하면, 교토대학에서는 카네기멜론대학과 온라인으로 수업을 하고 있다고 한다. 학생들은 처음에는 당황하는 모습이 역력했지만 금방 놀랄 정도로 흥미를 갖고 적극적으로 이 영어 수업에 참여한다고 한다. 문제는 교수와 강사들이었다. 그들은 창피당하고 싶지 않다는 생각에 미국 쪽으로 일체 정보를 발신하지 않는다고 한다.

그 결과, 교토대학 측에서의 정보 발신은 제로상태이고, 카네기멜론대학으로부터 일방적으로 수업을 받는 꼴이 되고 말았다. 상대편 대학의 관심은 멀티미디어보다도 우리 문화이므로, 우리 고전 등을 이야기할 수 있는 교수가 등장하면 반드시 수강을 할 텐데, 정작 영어로 이야기할 수 있는 사람이 없다는 것이다. 정확히 이야기하면 영어로 이야기하려는 용기 있는 사람이 없다고 해야 할까? 그러나 이 나라 사람이 특별히 원어민처럼 영어를 잘할 필요는 없다. 교토대학의 교수라면 예를 들어 고전을 가르치고 있어도 영어는 읽을 수 있다. 그렇다면 좀 창피를 무릅쓰고 말하면 되는데 그것을 하지 못한다.

나는 외교관이었으므로 외국에 물든 경향이 있을지도 모른다. 그렇기 때문에 반대로 영어 교육의 도입에는 신중한 의견을 갖고 있다. 나는 얼마 전까지만 해도 ‘우선 모국어로 여러 가지 배우

고, 자국 문화를 확실하게 알고 나서 영어를 배우는 편이 국제적
으로도 의미가 있다' 라는 문부성다운 생각을 갖고 있었다.

그러나 시대는 급변하고 있다. 이제는 그런 느긋한 말을 할 때
가 아니다. 인터넷을 계기로 영어가 국제표준이 되어버렸다. 최
근에는 모국어를 가장 소중히 여기는 프랑스에서조차도 영어가
유행하고 있다고 한다.

컴퓨터를 사용하는 일이 자국 문화 운운하는 의견과는 관계없
는 것처럼 '영어는 이미 필요악' 이 되어버렸다. 이미 '문화의 독
자성' 이나, '자국인론' 등을 말할 시대는 끝나버렸다. 적어도 좀
더 기술이 발전해서 모국어로 생각하면 즉시 영어가 되는 그런
것이 만들어진 시대가 오면 이야기는 달라지겠지만, 그것이 우리
아이가 어른이 될 때까지 실현된다는 보장이 없다. 그렇다면 영
어는 필수다. 그것은 사활이 걸린 문제다.

그런데 영어는 어렸을 때 배우면 누구라도 할 수 있다. 재력가
의 '일곱 가지의 재능' 보다 훨씬 간단하다. 아이의 능력으로 볼
때 대단한 것은 아니라고 나는 확신한다. 예를 들어 우리 아이들
은 미국으로 건너가기 전까지 전혀 영어를 알지 못했다. 그런데
미국의 학교는 방학기간이 길었기에 아이들은 그 기간 동안 열심
히 노력했고, 딸아이는 6개월 만에 나보다 더 유창하게 영어를
구사했다. 결국 환경만 갖추어진다면 가능하다는 이야기다.

아마 한자를 외우려고 한다거나, 다른 과목을 가르치는 방법을
궁리하는 등 아직 시도해 볼 여지는 얼마든지 있다고 생각한다.

IT를 거론할 정도면 매일 초등학교에서 영어배우는 시간을 만드는 것쯤은 간단한 일이다. 비디오라도 좋다. 최고의 두뇌를 결집하면 이 나라 아이에게 맞는 영어 속성 프로그램도 가능하다.

내 아이는 미국에서 생활했기 때문에 그 점은 행운이었지만 설령 이 나라에 있었다고 해도 환경만 제대로 갖추어진다면 가능하다. 어렸을 때 영어로 이야기하는 것을 공부해버리면 문제는 없다. 그러나 지금 이대로라면 아이들만으로는 아무것도 할 수 없다.

1. 세계적인 재력가는 영어로 이야기하고 정보를 만든다

세계적인 재력가가 되려면 확실히 영어를 잘 할 수 있어야 한다(영어실력이 안되면 다른 분야가 아무리 뛰어나도 KO당한다). 외국 자본계의 기업 중에는 앞으로의 이 나라 기업의 운명을 먼저 가로채갈 곳이 있다. 그 이면에는 최근까지 다음과 같은 이야기가 전해지고 있다.

"가장 우수한 사람은 왠지 영어를 못한다. 그래서 본사의 외국인 간부의 반응이 나쁘다. 유능하지는 않지만 영어만은 잘하는 사람이 외국인의 반응이 좋기 때문에 출세한다."

하루 빨리 어느 정도 영어 수준이 있는 사람들이, "우선 영어로 이야기하는 데는 문제없다. 그러므로 영어를 잘 구사하느냐 그러지 못하느냐로 수선을 떨 필요가 없다"라고 말할 수 있는 상황이 되었으면 한다.

만일 이 나라 아이의 영어실력이 적어도 싱가포르나 홍콩의 중국인 정도가 되면 모국어의 힘은 살아난다. 그리고 모국인적인 특징도 살아난다. 조금 특이한 예를 들어보자.

인터넷의 네트워크 기기 제조업자로, 인터넷 산업의 맹주라고도 불릴만한 시스코시스템즈라는 미국 기업이 있다(본사는 실리콘밸리). 이 기업은 매수전략도 상당히 탁월한데, 그 매수전략 전체를 생각하고 실행하고 있는 것은 미켈란젤로 피코라는 30대 중반의 이탈리아인이다. 그는 이탈리아의 밀라노 태생으로 양친도 이탈리아인이다. 부친이 UBS라는 스위스의 은행의 일본지점장이었기 때문에 어린 시절을 일본에서 보냈다.

미켈란젤로 자신은 일본어가 아니라 다른 낭만계의 언어를 배우고 싶어 했지만 그의 부친의 권고로 일본어를 본격적으로 공부했다. 원래 어학의 재능도 있었는지 일본어, 영어 통역대회에서 그는 세계 2위가 되었다고 한다. 더구나 그는 스탠포드대학에서 엔지니어와 제조 학위를 받았다. 그가 만든 농업 스프레이용 센서는 상을 받았다고 한다.

그의 부친의 말에 의하면, "미켈란젤로는 이탈리아인에게는 유연성(flexibility)을 배우고, 일본인한테서는 유한적적(幽閒寂寂. subtlty. 금전, 권력, 명예욕에 좌우되지 않고 조용하고 자유롭게 마음 편히 삶)을, 미국인한테서는 실용주의(pragmatism)와 공평성(fairness)을 배웠다"라고 했다. 시스코시스템즈의 사장으로 지금 GE의 잭 웰

치와 나란히 유명CEO인 존 첸버스는 미켈란젤로를 "기술적인 지식, 전략적인 비전, 팀 운영 능력 등 삼박자를 갖춘 보기 드문 인재다"라고 평했다.

나는 이 나라 아이들 중에서도 미켈란젤로 같은 인재가 나올 가능성이 있다고 믿는다. 그리고 미켈란젤로의 예를 봐도 알 수 있듯이 가장 중요한 것은 아버지의 역할이다.

나는 외국어에 관심이 많지만 결코 영어만 해야 한다는 주의는 아니다. 외무성이라는 곳에 오래 있다보면 국제적인 감성과 함께 상당히 국수적이 된다. 뭔가 이 나라나 이 나라 사람들에게 유리하게 생각하게 된다. 영어를 배워야 하는 상황을 보고 있으면 '불행한 일이다. 왜 이렇게 되었을까?' 하고 소리치고 싶어진다. 나는 이 나라 사람들 중에서는 비교적 영어를 구사할 줄 아는 부류에 속한다고 생각하지만 그래도 중학생이 된 후에 일본식 영어 교육으로 공부했기 때문에 결코 원어민처럼 말하지는 못한다. 그래서 항상 답답하다. 자신보다 현명하지 않은 미국인에게 표현 때문에 진다는 분함은 이루 말할 수 없다. 또한 미국인이 말로는 표현하지 않지만 '영어가 모국어도 아닌데 열심히 하고 있군' 하는 생각을 한다는 억울함도 든다. 정말로 "말이 안 된다"라는 기분이다.

그러한 분노를 느끼면서도 어쩔 수 없이 당면한 현실에서는 영어를 사용하지 않을 수 없다.

그 필요성은 압도적이다.

특히 최근 경향으로 우리나라 이외의 아시아 국가의 재력가 층은 우리보다 영어를 잘한다. 와트슨 와이엇에서 아시아지역의 모임이 자주 있는데, 도쿄 사무실 직원들은 '실력도 일류, 어학도 일류' 다. 아시아 재력가 층은 적어도 고등교육은 영어가 아니면 공부할 수 없기 때문에 아무래도 영어를 잘하게 된다. 특히 지적 투쟁에 필요한 영어는 반드시 익힌다.

나는 결코 '영어가 논리적이다. 우리말은 정서적이다' 라는 비과학적인 논리는 펴지 않는다. 다만, '세계적인 재력가가 영어를 사용하고 있고, 세계적인 정보가 먼저 영어로 만들어진다. 그러므로 영어를 배워야만 한다' 고 말할 뿐이다. 또한 나는 꽤 국수주의자이지만 그래도 '이 나라 사람들이 다른 나라 사람에 비해 머리가 좋으니까 모국어만으로도 충분하다' 라고 단정지어 말할 자신은 없다.

2. 영어를 배우기 시작하는 타이밍이 중요하다

영어를 배우기 시작하는 타이밍이 중요하다는 데는 두 가지 이유가 있다. 첫째, 배우기 시작하는 타이밍은 빠르면 빠를수록 좋다. 이것은 뇌의 발달과 관계가 있어서 아직 몇 살이 최적인지는 알 수 없지만 일반적으로 빠를수록 좋다.

나는 큰 애가 열 살, 작은 애가 여덟 살 때 아이들과 미국에 갔는데 확실히 작은 애가 습득이 빨랐다. 심리학이나 동물행동학 연구에서도 태어났을 때부터 2개 국어를 배운 아이는 2개 국어를 쉽게 마스터 할 수 있지만 사춘기 이후에는 외국어를 습득하기 상당히 힘들다고 한다. 또한 유년기에 2개 국어를 마스터한 경우에는 제1언어도 제2언어도 함께 뇌의 같은 장소를 사용해서 이야기하지만, 성장한 후에는 모국어와 외국어로, 뇌의 다른 부위를 사용한다고 한다.

다만, 약간 주의해야 할 것은 외국어 학습이라고 해도 외국어의 어느 부분에서 타이밍의 유리함은 달라진다는 점이다. 발음이나 듣기(전문적으로 말하면 'speech perception & accent')는 확실히 어렸을 때 시작하는 것이 유리하다. 반면에 어휘를 늘리는 것 등은 어른이 되고 나서라도 충분히 가능하다.

둘째, 무조건 지금 당장 시작하라. '빠르면 빠를수록 좋다' 라고 하면, '우리 아이는 벌써 초등학교 고학년인데', 또는 '벌써 중학생인데' 라고 생각하겠지만 늦었다고 생각할 때가 가장 빠른 법이다. 다만 당연한 이야기지만 나이에 따라 학습 방법이 달라진다. 학습방법 뿐만 아니라 지금까지 이야기 해온 동기부여도 달라진다.

3. 중독이 될 만큼 '단순작업화' 한다

언어는 습관적이다. 그러므로 그것을 말해야만 하는 상황으로 만드는 것이 중요하다. 담배를 피우고 싶거나, 술을 마시고 싶어

201

지는 것과 마찬가지로 의존증(addictive)으로 하기 위한 장치가 중요하다. 중독이 되도록 하기 위한 방법으로는 이미 지금까지 이야기 해 온 방법이 몇 가지 있다. 대표적인 방법을 세 가지만 들어보자.

우선 첫째, '단순작업화' 하는 것이다. 재미있게도 단순작업을 반복하고 있으면 자신도 모르게 빠져들고 만다. 밀교의 세계에서는 성스런 말을 진언(眞言)이나 만토라라고 부르며 그것을 계속 외운다. 그것을 중얼거림으로써 특별한 힘이 발생하거나, '신' 과 교신할 수 있다고 생각한다(굉장히 부정확한 서술이므로 그 관계의 분께는 미리 사과를 드린다). 그런데 내가 한 때 의심하고 있던 진드 크리슈나무르티라는 인도의 철학자이자 교육자는 풍자적으로 "코카콜라라는 주문을 하루 종일 계속 외쳐 보라. 위와 같은 효과가 나오리라"라고 말했다. 힘이 나오고 안나오고는 그렇다 치더라도 계속해서 외우는 것이 어학을 습득하는 데는 아주 중요하다.

어린 아이는 하루 종일이라도 반복해서 외운다. 그러나 조금 크면 그런 행동을 바보 같다고 느끼기 때문에 할 수 없다. 어른이 되면 더욱 그렇다. 반대로 이야기하면 이 반복이 갖는 마약성을 체감하는 것이 가장 효과적이다.

내 아들에게도 미국에 건너간 후에 영어를 공부하게 했지만 그 애는 나보다 이론에 강해서 이러한 반복을 싫어한다. 체스나 산수계열은 내버려두어도 혼자서 하지만 영어 반복은 항상 지켜보고 있어야 했다. 머리도 좋았기 때문에 이렇게 단순하게 가르치는 것은 무리였다.

그래서 아내와 몇 가지 작전을 생각했다. 첫째는 '구몬시키(公文式 구몬학습)'였다. 나는 컨설팅 일로 구몬시키와 안면이 있어서 구몬시키의 본부에 있는 분으로부터 그 위력을 몇 번인가 들어 알고 있었다. 본국에 있을 때는 보내지 않았지만 아들을 보면서 구몬시키가 괜찮을지도 모른다고 생각했다. 다행히 미국에 있는 우리 집 근처에 구몬시키가 있어서 가보니 지도 선생이 마음에 들었기 때문에 즉시 신청했다. 구몬시키는 내용도 내용이지만 '습관을 만든다'라는 점이 상당히 괜찮다고 생각했다. 구몬시키는 산수로 유명하지만 영어에서도 꽤 높은 효과가 확인되었다.

둘째는 '반복'을 격려하는 것이다. 무엇을 반복시키고 외우게 할까하고 고민했다. 구몬시키의 교재도 지도 선생에게 부탁해서 진도를 많이 나가는 것보다도 복습을 반복하게 했다. 그러나 강한 인상을 주기 위해 아들로 하여금 몇 번이나 반복하게 하여 소리 내서 읽게 하고, 1분 정도면 암기할 수 있는 것을 찾았다.

다행히 초등학교에서 스펠테스트가 매주 있었다. 그것은 누구라도 스펠만 외우면 100점을 받을 수 있었기 때문에 그것을 사용하기로 했다. 스펠시험은 단어뿐이었지만 단어에 예문이 달려 있었다. 확실히 원어민 감각의 예문이었기 때문에 테스트로는 필요 없었지만 아들을 설득해서 그것을 외우도록 했다. 효과는 서서히 나타났다.

딸은 그냥 내버려두어도 영어를 공부했기 때문에 핸디캡을 주는 의미로 아들에게만 내가 관여하기로 하고, 주말에는 매회 다섯 개씩 외우게 했다. 그러는 동안에 암기하는 요령이 생겨서 열 개의 예문도 5분이면 충분히 외우게 되었다.

영어실력의 향상은 운동의 트레이닝과 같다

'단순작업'이라고 했지만 사실은 이것은 일종의 재능이다. 딸은 상당히 자연스럽게 영어문장을 외운다. 때로는 노래까지 만들어서 외운다. 단순작업의 괴로움이나 단조로움이 없고 거의 놀이감각으로 노래를 만들어 반복한다. 내가 반복을 했을 때는 어딘가 고행하는 스님과 같다는 느낌이 있었는데, 딸에게는 고행이 아니라 즐거움의 원천이었다. '내가 졌다'는 느낌이었다.

단순작업은 굳이 반복해서 외울 필요는 없다. 아이의 특성에 따라 하기 쉬운 작업을 찾아내면 된다. 예를 들어 몇 번이나 써보는 방법도 있고, 무조건 읽는 방법도 있다(암송이라기보다는 책을 보면서 반복해서 읽는다). 영어의 달인 구니히로 마사오(國廣 正雄) 씨는 저서에서 '지관타독(只管打讀. 선종(禪宗)의 지관타좌(只管打座 먼저 앉는 자세를 철저히 익히고 난 다음 호흡을 조절하면서 앉는 일)를 흉내 낸 말)'이라고 하여 교재를 몇 번이나 반복해서 읽는 것의 중요성을 설명하고 있다. 이것도 해보면 효과가 높아서 확실히 중독효과가 있다.

또한 코란의 번역으로 유명한 이즈쓰 도시히코(井筒 俊彦. 이슬람, 동양사상 연구로, 세계에 통용하는 몇 안 되는 세계적인 일본인학자) 씨는 다수의 외국어를 마스터하고 있었다고 하는데, 그의 경우는 무조건 테이프를 계속해서 들었다고 한다. 이것도 반복이 포인트다.

나는 중학교에서 영어를 시작했을 때, 우연히 아버지가 갖고 있던 링거폰(linguaphone. 영어회화 등의 언어교육기관)의 영어교재가 있어서 첫 부분을 100회 이상 들었다. 지금도 테이프 소리가 기억에 남아있다. 나는 그 후 프랑스어, 중국어, 아랍어를 배우기 시작했는데 아무래도 테이프를 지나치게 많이 들어서 어학의 범위가 넓어진 것 같아서 반성하고 있다.

머리에 남아있는 소리는 결국 어떤 사정으로 인해 반복해서 들을 수밖에 없었던 것일지도 모른다. '원어민인 미녀 여자친구를 만들어서 그녀에게 녹음해달라고 하는 것이 효과적이다'라고 말하는 친구도 있다(이 조건을 갖추는 것이 어학 실력이 능숙해지는 것보다 어려울 것 같지만). 포인트는 짧은 시간(5분 정도)에 한 번에 끝날만한 단위를 찾을 것과, 그 단위를 간격을 두고 반복하는 것이다. 운동선수의 트레이닝과 같은 원리다.

4. '긴 머리 사전(Long Hair Dictionary)'

친구, 연인, 선생님 등 누구라도 상관없지만, 자신에게 가까운 사람이 이야기하는 영어가 중요하다.

내 두 아이 중에 작은 애는 미국의 담임선생님을 잘 따랐다. 실제로 그녀는 매우 매력적인 사람이었다.

아무튼 내 딸애는 "오늘 학교에서 마사가 이렇게 말했어요"라고 자주 이야기한다. 그 모습에서 딸애가 학교에서 선생님이 하는 말을 상당히 열심히 듣고 있다는 사실을 알 수 있다. 확실히 멋있는 분이었기 때문에 학교에 부임했을 때 나도 드물게 스스로 아이의 학교에 가서 선생님과 이야기했다.

이와 관련해서 이 항목의 타이틀로 사용한 '긴 머리 사전'에 관해 잠시 이야기하고자 한다.

'긴 머리 사전'이라는 말은 남성의 영향을 받고 있다. 나는 이 말을 이집트에서 아랍어를 공부하고 있을 때에 동료 외교관에게서 배웠다. 그는 대학시절에도 미국에서 공부했기 때문에 그 시점에서 이미 상당히 유창하게 영어를 구사했지만 영어 실력을 더욱 연마하려고 하고 있었다. 상당히 좋은 의미에서 전략적인 인재였던 그는 장래까지 생각하고 있었는데, "아랍인은 영어를 잘하고 게다가 아랍어까지 잘해야만 비로소 인정한다"라고 말했다.

그 때문인지 어쩐지는 모르겠지만 미국인 여자친구를 만들어 영어가 능숙해졌다고 했다. 동료라고 해도 나보다도 두 살이나 연상으로, 세상 돌아가는 일도 잘 알고 있는 그를 존경하고 있었기 때문에 나는 그의 흉내를 내며 살아왔다. 상대가 여성이냐 남성이냐 하는 것보다 일 대 일로 놀거나 일과 인생 이야기까지 진지하게 이야기할 수 있는 상대를 만들 수 있는지는 어학이 능숙해지는데 상당히 중요하다. 어학이 능숙해진다는 것은 오히려 부수적인 것이 아닐까?

가장 자연스러운 것은 동기부여 부분에서 이야기했듯이 '좋아하는 분야', '할 수밖에 없는 분야'의 학습을 위해 영어를 하는 것이다. 굉장히 위험한 비유지만 '마약을 하면 위험하다. 그러나 여기서 마약을 하지 않으면 내 인생은 엉망이 된다' 정도의 감각, 결국 '위험하지만 해보고 싶다'라는 미묘한 감각을 영어에 적용해보는 것이다.

'행복한 재력가'가 되기 위해서는 세계적으로 통용되는 것이 필요하다. 그리고 세계적으로 통용하는 시험에 합격하기 위해서는 영어가 필요하다. 그리고 사실 영어는 대부분의 아이에게 반드시 필요하다.

5. 아이는 '말투', 부모는 '듣기'를 배운다

이 항목은 가장 중요한 항목이기 때문에 좀더 상세하게 이야기하고자 한다. 당연한 이야기지만 마음속에 그 의미를 새겨두는 것이 중요하므로, 일화 하나를 소개하려고 한다.

내가 옛날, 영어를 공부하고 있던 무렵, NHK의 라디오강좌에서 도고 가쓰아키(東後 克明) 씨라는 분이 강사를 하고 있었다. 매일 라디오를 들으면서 이 나라 사람이면서도 영국발음으로(귀국자녀가 아니다), 이렇게 멋진 영어를 할 수 있구나하고 나 역시 용기를 얻었다.

그 후 나는 외무성에 들어가서 유학을 갔고, 해외에서 아랍어를 공부하게 되었다. 그리고 5년 정도의 해외생활을 마치고 고국으로 돌아와서 경제신문의 마지막 페이지에서 그가 쓴 기사를 보고 깜짝 놀랐다.

아마도 7, 8년 정도 전의 기사라서 자세하게 기억은 못하지만 대략 이러한 내용이었다. 그는 NHK의 영어강사를 그만둔 후에 영어를 가르치는 사람의 국제회의에 참가했다. 그 회의에서 그는 영어를 모국어로 하지 않는 아랍 외에 제3세계의 사람들이 그보다 훨씬 미숙한 영어로, 그러나 당당하게 수많은 관중 속에서 발언하거나 질문하는 것을 보았다. 그때 영어의 달인인 그는 '나는 영어는 할 수 있지만 커뮤니케이션은 할 수 없다' 라는 큰 충격을 받았다.

그는 영어의 달인 경지에는 도달해 있었지만 그것에 만족하지 않고 영국으로 유학을 떠났다. 커뮤니케이션의 힘의 비밀을 알고 싶어서 간 것이다. 실제로 그 비밀이 무엇이었는지는 그 기사에 없었던 것 같지만 나도 충격을 받았다.

나는 커뮤니케이션을 잘 하기 위해서는 '세 가지 방법' 이 있다고 생각한다. 그리고 그것을 '마음', '기술', '몸' 이라고 부르고 있다.

우선 '마음' 은 하트(heart)와 마인드(mind), 양쪽을 모두 포함하고 있는데, 요컨대 일곱 가지의 재능이다.

'기술' 은 표현과 내용으로 나눌 수 있다. 간단히 말하면 '메시지를 만드는 방법'이다.

'몸'은 실제 표현할 때의 자세, 목소리, 시선 등의 문제다. 여기서 가장 중요한 것은 '읽지 않고 이야기 한다' 라는 것과, '한사람씩 눈을 보고 이야기 한다' 라는 것이다. 그리고 너무 빠르지 않게 천천히 이야기하는 것이다.

또 한 가지, 말하기보다 더욱 중요한 것은 '듣기' 위한 마음, 기술, 몸이다. 이 부분은 앞에서 이야기한 인터뷰 방법과 같다.

말하기와 듣기의 관계도 상당히 중요하다. 말할 수 있는 것밖에 들을 수 없기 때문에 아이를 키우는 순서에서는 우선 말하기를 가르쳐야 한다고 생각한다. 동시에 부모들은 듣는 연습을 해야 할 필요가 있다. 제대로 듣게 될수록 진실을 들을 수 있기 때문이다.

자신의 지식이나 경험이 많아질수록 그것이 방해를 해서 순수하게 듣는 일이 어려워진다. 그리고 그 부분을 뛰어넘지 않으면 말하기 수준도 향상시킬 수가 없다.

내가 이 책에서 말하고자 했던 것은 단 한 가지였다. "아이 스스로 하고 싶은 것을 찾아낼 수 있게 도와주자." 그러기 위해서는 무조건 지식만 주입하는 '교육'이 아니라 '교육'의 어원이 된 '에듀케이션(education)'을 해야 한다. 후쿠자와 유키치(福澤 諭吉 일본의 계몽가, 교육가)는 에듀케이션을 '인간계발'이라고 번역해야 한다고 주장했는데 나 역시 그 말에 동감이다.

나는 기업의 인재와 조직의 컨설턴트로서 많은 사람들과 만나면서 성공한 사람, 게다가 행복하게 성공한 사람들이 갖고 있는 공통점을 한 가지 발견했다. 그것은 행복하게 성공한 사람은 '하고 싶은 일'을 하고 있다는 점이다. 그것도 그저 오늘은 중국요리를 먹어야지, 오늘은 초밥을 먹어야지 하는 정도의 '하고 싶은 일'이 아닌, 좀더 그 사람의 본질적인 부분과 관련해서 그것을 발견하고, 그것을 모든 것의 기준으로 삼고 일과 생활을 꾸려나가는 그런 것이었다. 하고 싶은 일을 하기 위해 사람들을 끌어들이고, 주위 사람들도 그 일에 매력을 느껴 하고 싶게 만드는 그런 느낌이다.

이 점을 제외하면 행복한 재력가는 상당히 다양해서 공통점이 없다. 성공한 사람의 대부분은 대개 머리가 좋은 것 같다. 그러나 그것은 학력을 이야기하는 것이 아니다. 아무리 머리가 좋아도 성공하지 못하는 사람이 있고, 행복하지 않은 사람도 많다. 성격이 좋은 사람도 얼굴이 잘생긴 사람도 마찬가지다. 좋은 집이 있는 사람, 좋은 배우자가 있는 사람, 그 외의 어떤 요소를 갖고 있다고 하더라도 그것을 공통 요소라고는 할 수 없다.

물론 하고 싶은 일을 하지 못하지만 성공한 사람이나 재력가가 된 사람도 있다. 그러나 나는 어느 날 문득 그것은 상당히 불행한 일이라는 생각이 들었다. 만일 자신이 하고 싶지 않은 일을 어쩌다 하게 되었는데, 우연히 성공해서 돈을 벌게 되었다고 하자. 그러면 그 성공이 가져다주는 지위와 돈에 눈이 멀어서 사실은 그다지 하고 싶지 않은 일을 계속 하게 된다.

그 결과, 성공을 위해 일생을 망쳐버리고 마는 바보 같은 인생을 보낼지도 모른다. 이런 하고 싶지 않은 일로 돈을 버는 사람은 말하자면 '돈을 벌어다 주는 사람'이다. 그리고 세상이 크게 바뀔 때 회사에 돈을 벌어다 준 일류기업의 엘리트들이 구조조정의 대상이 되어 돈도 못 벌게 되고 마는 것이 현실에서 배우는 교훈이다.

그래서 나는 내가 정말 '하고 싶은 일'을 발견하는 것이 행복을 찾고, 돈도 벌 수 있는 가장 소중한 것이라고 확신한다.

하고 싶은 일을 가슴속에 품고 사는 사람은 사고방식이나 행동 면에서 정해진 패턴을 갖고 있다. 그것이 이 책에서 소개한 '일곱 가지 재능' 이다. 하고 싶은 일을 출발점으로 하고, 그곳에서 어떻게 자신을 움직이고 성과를 올릴 것인가, 그러기 위한 정석을 아이로 하여금 습득하게 만들어 주는 것이다. 아이 때부터 이 정석을 연습한다면 상당히 많은 사람들이 행복한 재력가가 되지 않을까? 그러기 위해서는 어릴 때부터 스스로 생각하고 자신의 특징을 알고 행동하는 연습이 중요하다. 그리고 재력가가 되기 위한 최대의 비결은 자신이 하고 싶은 것, 자신의 스트라이크 지대를 빨리 발견하고, 그곳에서 안타, 가능하다면 홈런까지 칠 수 있는 능력을 기르는 것이다. 긍정적인 측면에서 '세살 버릇 여든까지 간다' 라는 말과 같다고 할 수 있다.

내 인생을 되돌아보아도 이 점은 통감한다. 나는 컨설턴트가 되기 전에 외무성에서 외교관으로 10여 년 동안 근무했다. 나는 외교관이 되고 싶어서 어려운 난관을 뚫고 그 꿈을 실현했지만 외무성에 근무한 첫날부터 그 관료적인 일과 계급적인 조직의 중압감에, 이것은 아니다 라고 느꼈다. 그러나 당시 외무성은 일종의 명예였기 때문에 힘들게 들어갔는데 하는 생각에 그럭저럭하다 보니 10년이나 근무했다.

그동안 '하고 싶은 일' 은 외교관의 일 중에도 몇 가지 있어서 그 일도 나름대로 상당히 열정을 쏟아 부었지만 어디까지나 막간극 같은 일이었다. 대부분의 일은 조직이 요구하는 관료적인 일로, 내게는 전혀 맞지 않았다. 물론 외무성의 동료 중에는 자신의 꿈을 그대로 이루고 일을 계속하고 있는 훌륭한 사람도 있었다. 결국은 본인의 문제다. 내게는 그 중압감 속에서 하고 싶은 일을 할 용기가 없었다. 이 반성은 내 자신에게 상당히 무겁게 다가왔다.

컨설턴트가 된 지 얼마 안 되어서 '하고 싶은 일'에 가까운 일을 실제로 할 수 있게 되었다. 그때 느낀 것은 '하고 싶은 일을 하면 이렇게 힘이 나고 즐겁고 사람들로부터 좋은 평가를 받는구나' 라고 실감했다. 이러한 나의 체험이 '행복한 재력가들'의 특성과 겹쳐서 이 책을 쓰는 원동력이 되었다. 나처럼 훨씬 뒤늦게 깨달아도 이 정도로 재미있다면 내 아이를 포함한 아이들에게 어렸을 때부터 하고 싶은 일을 하면서 살면 좋다고, 그러면 훨씬 즐겁고 열심히 할 수 있다고 전해주고 싶어졌다.

현재의 부모자신이 반드시 '재력가'일 필요는 없다. 예를 들어 부모가 '무능력한 사람' 이나 '시간제 일을 하는 사람' 이라고 해도 전혀 상관없다. 다만 필요한 것은 부모가 자신이 하고 싶은 일을 하면서 돈버는 방법을 개척해나가려고 노력하는 '파이팅 포즈' 를 취하는 것이 중요하다. 지금까지 그러한 태도를 취하지 않았던 부모가, 이것을 계기로 아이와 함께 시작하면 되는 것이다. 부모세대에서는 재력가로 변신하는 부분까지 가지 못할지도 모른다. 그러나 부모의 그러한 모습이 아이에게 영향을 주고, 아이가 '행복한 재력가'의 길을 걷기 시작하는 계기가 될 수 있다.

그것은 부모가 위에 서서 아이를 가르친다는 상하관계가 아니다. '부모 말이니까 들어라'가 아니다. 아이와 나란히 함께 달리는, 아이와 대등한 관계를 유지하는 그러한 자세다. 부모 자신이 달리기 위한 의욕과 행동을 보여주는 것에 모든 것이 달려있다. 떡, 하니 앉아서 "야, 너 공부 좀 해라"라고 해도 아이는 움직이지 않는다. 움직여도 그것은 단지 남에게 명령을 받고 움직이는 노예의 소질을 연마시킬 뿐이다.

그런 것이 아니라 부모는 자신이 하고 싶은 일이 있어서 달린다. 아이도 자신이 하고 싶은 일을 찾으려고 달린다. 나란히 사이 좋게 달린다. 정신 차리고 보니 아이가 자신을 끌어주고 있다. 그렇게 된다면 가장 바람직하다고 하겠다.

이 책에서는 학교를 이렇게 바꾸어야 한다, 교육개혁이 어떻다, 융통성이 어떻다, 라는 말은 일체 하지 않았다. 이 정도로 복잡한 세계 속에서 진행되는 제도, 그것도 이만큼 발전한 나라의 제도에 대해 아무리 왈가왈부해도 아무것도 변하지 않기 때문이다. 그것보다 스스로 할 수 있는 일, 부모로서 할 수 있는 일을 생각하는 편이 훨씬 생산적이라고 생각한다. 그리고 그 힘이 강해졌을 때, 교육제도도 반드시 변할 것이다. 우선은 무슨 일이든지 먼저 말을 꺼낸 사람부터 시작해야 한다.

덧붙여 말하자면 나는 아이를 키우는 데 성공한 것도 실패한 것도 아니다. 아이를 키우는 데 있어서 성공이냐 실패냐 하는 이야기는 아이에게 실례라고 생각한다. 어떤 인연이 있어서 내 아이로 살아가고 있는 인간에게 나의 작은 경험을 바탕으로 그가 하고 싶은 일을 찾아낼 수 있게, 또 그것을 실행해 가는 것을 도와주는 것이 내 역할일 뿐이다. 그렇게 해서 바라는 대로 되었는지는 그들이 결정할 일이다. 물론 나는 내 기준으로 때로는 기뻐하기도 하고, 슬퍼하기도 하고, 또 인생의 부조리에 어쩔 수 없어 하는 때도 있다.

아이는 하고 싶은 일을 하면서 실패하기도 하고, 노력도 하고, 하고 싶은 일을 바꾸기도 하면서 자신을 발전시켜 나간다. 그리고 부모는 때로는 아이에게 손을 내밀어 주기도 하고, 등을 떠밀어 주기도 한다. 그것이 부모가 아이에게 해줄 수 있는 유일한 것이 아닐까?

카멜 야마모토

공부잘하고 말잘하고 협상잘하는 아이로 키우기

초판1쇄 인쇄 | 2014년 11월 19일
초판1쇄 발행 | 2014년 11월 21일

지은이 | 캬멜 야마모토(キャメル・ヤマモト)
옮긴이 | 김활란
펴낸이 | 박대용
펴낸곳 | 도서출판 부자나라

주소 | 413-834 경기도 파주시 교하읍 산남리 292-8
전화 | 031)957-3890, 3891 팩스 | 031)957-3889
이메일 | zinggumdari@hanmail.net

출판등록 | 제406-2104-000069호
등록일자 | 2014년 7월 23일

*잘못 만들어진 책은 교환해 드립니다